非洲主要国家农机化及农机市场发展形势研究

张 萌 著

中国农业出版社
北 京

前 言
FOREWORD

　　全面梳理和分析世界重点区域农业机械化和农机市场发展形势，对促进中国农机成功"走出去"具有非常重要的实际意义。目前，非洲约有60％的未耕种土地，以及农业部门数百万潜在的就业机会。与此同时，非洲的农机化程度是世界上最低的，非洲农机产品市场需求巨大但本土农机生产几近空白，这为中国企业开拓非洲市场提供了良好的空间。因此，非洲是中国农机"走出去"需要优先选择的重点区域，非常有必要强化对非洲地区农机化及农机市场的分析研究。

　　鉴于此，本书综合考虑农业发展情况、农业机械化发展水平、农机市场和贸易规模等多种因素，选择尼日利亚、苏丹、尼日尔、埃塞俄比亚、坦桑尼亚、刚果（金）、南非、摩洛哥、阿尔及利亚和乌干达等十个国家，从农业生产规模与结构、农机化发展历程与现状、农机市场贸易规模与结构等方面开展了相关研究。

　　本书旨在通过以上分析研究，为非洲主要国家描绘较为准确的"农机画像"，希望能为有关部门和企业制定相关政策或战略提供借鉴和参考。由于水平有限，书中错误之处在所难免，敬请读者指正。

目 录
CONTENTS

前言

第一章　尼日利亚

尼日利亚位于西非东南部，东邻喀麦隆，东北隔乍得湖与乍得相望，西接贝宁，北接尼日尔，南濒大西洋几内亚湾。尼日利亚人口约为2.06亿，国土面积约为92.38万平方公里*，可耕地面积约为3 500万公顷①，目前是非洲第一大经济体。

第一节　农业发展情况

一、农业生产概况

尼日利亚土地、水资源丰富，拥有发展农业的巨大优势。其中，土地资源丰富多样，既有滩涂湿地，又有热带雨林、热带草原、热带沙漠边缘地区，还有海拔在1 500～1 800米、可以种植亚热带甚至温带作物的高原。大部分地区气候条件温暖湿润，农作物生长季节较长，尼日尔河流贯穿全境利于灌溉。独立初期，棉花、花生等许多农产品在世界上居领先地位。随着石油工业的兴起，农业迅速萎缩，产量大幅下降。近年来，随着尼日利亚政府加大对农业投入，农作物产量有所回升，2017年公布的《经济复苏与增长计划》中明确提出要努力实现农业发展和粮食安全，加大对农业的投资。

从农作物的收获面积情况来看（表1-1），尼日利亚以种植木薯、

---

*　1公里＝1千米。

①　来源于联合国粮农组织，为2020年度数据，下同。

玉米、山药、水稻、高粱、牛豌豆、花生、棕榈果、谷子和秋葵等为主，几类作物收获面积近年来总体上较为稳定，且木薯、玉米和山药稳居尼日利亚农作物收获面积前三，常年收获面积在 600 万公顷以上。其中，2020 年尼日利亚木薯收获面积达到了 773.78 万公顷，位居世界第一，约占世界总收获面积的 27.40%、占非洲总收获面积的 34.45%；玉米收获面积达到了 753.45 万公顷，位居世界第六，约占世界总收获面积的 3.73%、占非洲总收获面积的 17.49%；山药收获面积达到了 630.72 万公顷，位居世界第一，约占世界总收获面积的 71.42%、占非洲总收获面积的 72.58%；水稻收获面积达到了 525.72 万公顷，位居世界第八，约占世界总收获面积的 3.20%、占非洲总收获面积的 30.61%；高粱收获面积达到了 518.07 万公顷，位居世界第三，约占世界总收获面积的 12.87%、占非洲总收获面积的 18.98%；牛豌豆收获面积达到了 469.58 万公顷，位居世界第二，约占世界总收获面积的 31.19%、占非洲总收获面积的 31.69%；花生收获面积达到了 407.31 万公顷，位居世界第三，约占世界总收获面积的 12.90%、占非洲总收获面积的 23.37%；棕榈果收获面积达到了 368.10 万公顷，位居世界第三，约占世界总收获面积的 12.81%、占非洲总收获面积的 67.48%；谷子收获面积达到了 200.00 万公顷，位居世界第五，约占世界总收获面积的 6.23%、占非洲总收获面积的 10.14%；秋葵收获面积达到了 160.38 万公顷，位居世界第一，约占世界总收获面积的 63.35%、占非洲总收获面积的 83.10%。

表 1-1 尼日利亚历年主要农作物收获面积

单位：万公顷

类别	2016 年	2017 年	2018 年	2019 年	2020 年
木薯	623.72	642.91	681.61	744.94	773.78
玉米	731.21	654.00	678.96	782.21	753.45
山药	608.03	644.61	613.80	618.12	630.72
水稻	493.55	562.77	591.34	531.23	525.72
高粱	547.20	582.00	558.72	540.31	518.07

（续）

类别	2016 年	2017 年	2018 年	2019 年	2020 年
牛豌豆	481.45	500.84	428.81	438.89	469.58
花生	345.87	359.69	379.34	387.77	407.31
棕榈果	331.23	352.63	372.48	391.05	368.10
谷子	173.78	180.01	200.00	200.00	200.00
秋葵	133.86	130.16	155.45	160.11	160.38

数据来源：联合国粮农组织。

从农作物的产量情况来看（表 1-2），基本稳定在前十位的作物是木薯、山药、玉米、棕榈果、水稻、高粱、花生、甘薯、西红柿和牛豌豆等，木薯、山药和玉米是总产量最高的农作物且稳居前三。其中，2020 年木薯产量达到 6 000.15 万吨，位居世界第一，约占世界总产量的 19.82%、占非洲总产量的 30.99%；山药产量达到 5 005.30 万吨，位居世界第一，约占世界总产量的 66.89%、占非洲总产量的 68.41%；玉米产量为 1 200.00 万吨，约占非洲总产量的 13.26%；棕榈果产量为 945.66 万吨，位居世界第四，约占世界总产量的 2.26%、占非洲总产量的 42.42%；高粱产量为 636.20 万吨，位居世界第二，约占世界总产量的 10.84%、占非洲总产量的 23.16%；花生产量为 449.28 万吨，位居世界第三，约占世界总产量的 8.38%、占非洲总产量的 26.65%；甘薯产量为 386.79 万吨，位居世界第四，约占世界总产量的 4.32%、占非洲总产量的 13.43%；牛豌豆产量为 364.71 万吨，位居世界第一，约占世界总产量的 40.97%、占非洲总产量的 42.33%。

表 1-2 尼日利亚历年主要农作物产量

单位：万吨

类别	2016 年	2017 年	2018 年	2019 年	2020 年
木薯	5 956.59	5 506.87	5 586.77	5 941.15	6 000.15
山药	5 136.29	5 408.31	5 000.00	5 000.00	5 005.30
玉米	1 154.80	1 042.00	1 100.00	1 270.00	1 200.00
棕榈果	850.00	910.00	960.00	1 006.23	945.66

（续）

类别	2016 年	2017 年	2018 年	2019 年	2020 年
水稻	756.41	782.61	840.30	843.50	817.20
高粱	755.61	693.90	680.00	666.50	636.20
花生	436.05	452.14	460.00	446.10	449.28
甘薯	393.35	384.18	387.75	388.43	386.79
西红柿	263.25	280.92	350.00	379.89	369.37
牛豌豆	375.05	387.47	350.00	354.67	364.71

数据来源：联合国粮农组织。

　　尼日利亚畜牧业主要以养羊、牛和鸡为主（表 1-3）。其中，2020 年末尼日利亚山羊存栏量达到 8 371.52 万只，位居世界第三，约占世界总存栏量的 7.42%、占非洲总存栏量的 17.12%；绵羊存栏量达到 4 774.38 万只，位居世界第四，约占世界总存栏量的 3.78%、占非洲总存栏量的 11.41%；牛存栏量达到 2 074.49 万头，约占非洲总存栏量的 5.59%；生猪存栏量达到 799.05 万头，约占非洲总存栏量的 18.15%；驴存栏量达到 131.29 万头，约占非洲总存栏量的 3.96%；鸡存栏量达到 1.66 亿只，约占非洲总存栏量的 8.01%。

表 1-3　尼日利亚历年主要畜禽存栏量

单位：万头、万只

类别	2016 年	2017 年	2018 年	2019 年	2020 年
山羊	7 613.53	7 803.87	8 024.47	8 263.37	8 371.52
绵羊	4 341.89	4 450.44	4 571.30	4 684.20	4 774.38
牛	1 988.41	2 005.71	2 020.14	2 052.72	2 074.49
生猪	764.36	794.93	798.68	798.92	799.05
驴	129.44	132.93	130.11	130.82	131.29
鸡	167 510.00	18 007.30	18 434.70	16 738.50	16 612.50

数据来源：联合国粮农组织。

　　从主要畜禽产品的产量来看（表 1-4），产量比较高的也是与鸡、牛和羊等相关的产品。其中，2020 年尼日利亚鸡蛋产量为 64.67 万吨，约占非洲总产量的 18.22%；牛奶产量为 52.47 万吨，约占非洲总产量的 1.33%；牛肉产量为 32.64 万吨，约占非洲总产量的 5.47%；猪肉产量为 30.30 万吨，约占非洲总产量的 18.97%；山羊肉产量为 26.11 万吨，位居世界第四，约占世界总产量的 4.25%、占非洲总产量的 18.55%；鸡肉产量为 23.83 万吨，约占非洲总产量的 3.74%；野味产量为 17.08 万吨，位居世界第三，约占世界总产量的 8.76%、占非洲总产量的 14.81%；绵羊肉产量为 15.06 万吨，约占非洲总产量的 7.63%。

表 1-4　尼日利亚历年主要畜禽产品产量

单位：万吨

类别	2016 年	2017 年	2018 年	2019 年	2020 年
鸡蛋	65.00	66.00	64.00	64.00	64.67
牛奶	50.79	51.14	51.43	52.05	52.47
牛肉	29.83	30.09	31.68	32.79	32.64
猪肉	28.04	29.40	29.79	30.05	30.30
山羊肉	25.70	26.34	26.80	26.84	26.11
鸡肉	24.01	25.82	26.43	24.00	23.83
野味	16.92	17.06	17.15	17.04	17.08
绵羊肉	14.65	15.02	15.56	15.38	15.06

数据来源：联合国粮农组织。

二、农业发展水平

农业增加值是反映农业发展水平的重要指标之一。从尼日利亚农业增加值的变化来看（图 1-1），1970 年至 2020 年间总体呈波动上升的趋势，尤其是 2002 年开始几乎持续快速增长，在 2014 年时达到 1 136.44 亿美元的峰值，之后出现逐渐回落再波动上升的态势。

尼日利亚农业增加值占非洲农业增加值的比例波动幅度非常大（图 1-2），先是由 1970 年的 26.00% 几乎持续增长到了 1984 年 47.00% 的区间峰值，几乎占到了非洲整体的一半；之后 1987 年迅速下降到 17.78%，且一直稳定在 15% 左右的水平；自 2001 年开始才再次突破 20%，之后波动变化至 2020 年的 25.94%。尼日利亚农业增加值

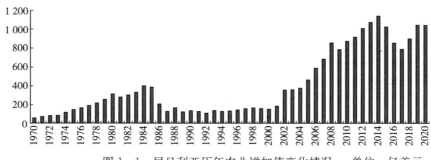

图 1-1　尼日利亚历年农业增加值变化情况　单位：亿美元

数据来源：联合国粮农组织。

占全国 GDP 的变化则呈现出先波动上升后下降的趋势，先由 1970 年的 18.90％波动上升到了 2002 年 36.97％的区间峰值，之后波动下降到了 2020 年的 24.14％。

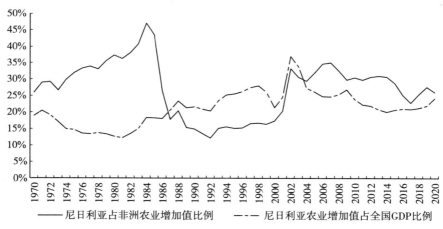

—— 尼日利亚占非洲农业增加值比例　　- - - 尼日利亚农业增加值占全国GDP比例

图 1-2　历年尼日利亚农业增加值占非洲农业增加值和全国 GDP 比例情况

数据来源：根据联合国粮农组织数据计算得到。

三、农业经营规模

图 1-3 展示了尼日利亚人均耕地面积①变化情况。可以看出，

---

①　本书中的人均耕地面积指总耕地面积与第一产业从业人员数的比值。

1991 年以来尼日利亚人均耕地面积变化不大，基本稳定在 1.80 公顷左右，整体上由 1991 年的 1.87 公顷变化到了 2019 年的 1.73 公顷。

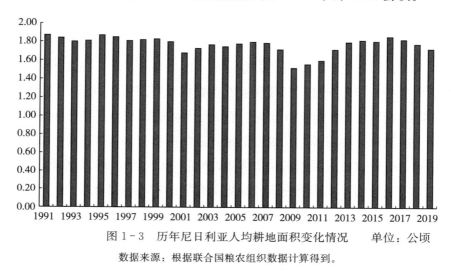

图 1-3　历年尼日利亚人均耕地面积变化情况　　单位：公顷

数据来源：根据联合国粮农组织数据计算得到。

第二节　农机化发展分析

由于农业经济落后，尼日利亚农业机械化发展步伐非常缓慢。但是，尼日利亚政府对农业机械化发展极为重视，出台了一系列促进农机化发展的扶持政策和措施，使得农机化水平到 20 世纪 90 年代有了一定规模，近期发展也非常迅速。但是总的来看，尼日利亚农机化发展水平与世界发达国家以及一些发展中国家相比，仍然相差甚远。

自 1960 年独立以来，为了扩大生产、增加粮食产量，尼日利亚广泛推广农业机械化发展中心，从事全国农业机械化研究和推广工作。在农机推广方面，为了解决广大农户无力购买拖拉机和农机具的困难，尼日利亚政府专门建立了国有拖拉机租赁制度，即由国家或地方政府出资（有时候是国际援助资金）购买拖拉机和农机具，统一建立拖拉机租赁站，经营拖拉机和农机具租赁业务。在粮食主产区，有的站还在地方行政区建有分站。2014 年，时任尼日利亚总统指示尼央行尽快设立 500 亿奈拉的农业机械发展基金，支持农业机械租赁企业购置 6 000 部拉拉机、13 000 部其他各类农机设备等。此举致力于加速实现在尼全国范围内设立 1 200 家农业机械租赁企业的蓝图，推动尼"农业革命"。2016年，为稳步减少粮食进口、推进粮食安全，尼日利亚政府向 12 个州派发了 500 台脱谷机和 100 台动力犁地机，以提高稻米、小麦主产区农机作业化水平。与此同时，尼日利亚农业农村发展部长还表示，之后的两年会陆续新增 5 000 台农机设备，不仅可大幅提高尼日利亚农业生产水平，保障稻米、小麦等主要粮食产量，还将吸引更多青年人加入农业行业中来，改变农业人员日趋老龄化的局面。2020 年，尼日利亚政府又成立专门委员会，实施被称为"绿色革命"的农业机械化计划。该计划投入 11 亿美元支持农机化发展，其中重要内容是购买 1 万台拖拉机和 5 万台各种农机具并在当地组装。目前，尼日利亚农业生产以小农户为主，每个小农户平均经营规模为 4 至 5 英亩，大多数缺乏现代实践知识、资金不足无法购买设备；仅有 10 个相对较大的商业化规模化农场采用全程机械化作业。人口众多的尼日利亚对粮食的需求不断增长，需要大规模的机械化农业来解决粮食挑战并减少该国的粮食进口。为此，尼日利亚农业农村发展部也发布了《国家农业技术创新政策（2022—2027）》，提出了未来一段时期尼日利亚农机化发展的具体目标。

第一产业从业人数占全社会从业人数的比例变化，能够在一定程度上反映农业机械化的发展趋势。一般认为该指标越高，农业机械化发展水平越低。就尼日利亚而言（图 1-4），可以看出 1991 年时尼日利亚第一产业从业人数占全社会从业人数的比例高达 50.60%，反映出尼日利亚农业机械化在当时具有较低的发展水平，直到 1997 年均稳定在 50%左右。之后数年呈持续下降趋势，到 2012 年开始下降到不到 40%，到 2019年为 35%，一定程度上表明尼日利亚农业机械化还有较大的发展潜力。

主要农机产品保有量在某种程度上也是反映一个国家或地区农业机械化发展的重要指标之一。从尼日利亚拖拉机保有量情况来看（图 1-5），整体上呈持续增长态势，由 1991 年的 23 500 台增长到了 2000 年的

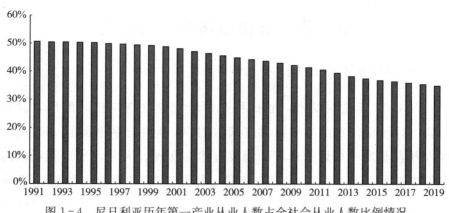

图 1-4　尼日利亚历年第一产业从业人数占全社会从业人数比例情况

数据来源：联合国粮农组织。

31 500 台。2014 年，尼日利亚的拖拉机保有量仅为每百平方公里 10 台，而英国为 257 台、美国为 200 台、印度为 130 台、巴西为 125 台。2022 年，尼日利亚的机械化水平为 0.027 马力*/公顷，离联合国粮农组织建议的 1.5 马力/公顷的水平也还相距甚远。根据《国家农业技术创新政策（2022—2027)》提出的目标，预计到 2027 年，尼日利亚的拖拉机保有量将达到每百平方公里 27 台。

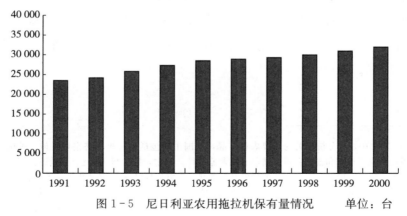

图 1-5　尼日利亚农用拖拉机保有量情况　　　　单位：台

数据来源：吴清分．尼日利亚拖拉机市场现状 [J]．农机市场，2003 (6)．

---

* 1 马力≈735 瓦特。

第三节　农机市场与贸易分析

一、国内农机市场

自 1960 年独立以来，尼日利亚曾计划建立拖拉机装配厂，自行组装一些价格便宜的拖拉机供应国内用户。但由于种种原因，这项曾列入其农业发展规划的建厂计划没有能够实现。因此，尼日利亚国内多年来基本不生产拖拉机和农机具，每年市场上所销售的拖拉机和农机具均为进口产品。近年来，尼日利亚才开始少量生产拖拉机和农机具，目前本土生产规模约占总体市场规模的 16％～20％，仍有较大的市场空间。2018 年，尼日利亚农用拖拉机市场价值约为 553 亿美元。

二、主要农机产品贸易[①]

从进出口贸易情况来看，2020 年尼日利亚主要农机产品无出口记录，处于绝对的贸易逆差状态。从进口产品贸易结构来看（表 1-5），耕整地机械是尼日利亚进口贸易额最高的产品，占 2020 年当年尼日利亚主要农机产品总进口额比重为 49.60％；其次是畜禽养殖机械，占比为 40.12％，拖拉机和收获机械占比分别为 1.57％和 8.71％。

---

① 本书中贸易分析相关的主要农机产品，范围主要包括拖拉机、耕整地机械、种植机械、植保机械、收获机械和畜禽养殖机械，不包含零部件。其中，拖拉机主要包括单轴拖拉机、履带式拖拉机，以及不同功率段的轮式拖拉机（包含部分牵引车数据）；耕整地机械主要包括犁、圆盘耙、中耕除草及微耕机（包括其他耙、松土机、中耕机、除草机及微耕机）；种植机械主要包括免耕直播机、种植机及移植机、其他播种机、粪肥施肥机，以及化肥施肥机；植保机械主要包括便携式农用喷雾器、其他农用喷雾器，以及其他植保机械，均含园艺用的相关机械；收获机械主要包括联合收割机、脱粒机、根茎或块茎收获机，以及其他收获机；畜禽养殖机械主要包括挤奶机、动物饲料配制机、家禽孵卵器及育雏器、家禽饲养机械、割草机（不含草坪、公园或运动场地用途）、饲草收获机，以及打捆机（包含秸秆捡拾打捆机）。

表 1 - 5　2020 年尼日利亚主要农机产品进口贸易情况

单位：千美元

类别	进口额
拖拉机	1 954.86
耕整地机械	61 806.58
收获机械	10 856.86
畜禽养殖机械	49 999.08
合计	124 617.38

数据来源：根据 UNcomtrade 数据整理得到。

三、耕整地机械

耕整地机械是尼日利亚进口贸易额最高的大类农机产品，2020 年度进口额位居世界第九。从细分产品进口贸易情况来看（表 1 - 6），占耕整地机械进口额比重最高的是圆盘耙，占比为 40.90%，且 2020 年度进口额位居世界第四；其次是犁，占比为 30.22%，2020 年度进口额高居世界第二；占比最低的为中耕除草及微耕机，为 28.89%。

表 1 - 6　2020 年尼日利亚耕整地机械进口贸易情况

单位：千美元

类别	进口额
犁	18 675.58
圆盘耙	25 276.63
中耕除草及微耕机	17 854.37

数据来源：根据 UNcomtrade 数据整理得到。

表 1 - 7 展示了 2020 年尼日利亚主要耕整地机械产品的主要进口来源国分布和进口占比情况。可以看出，犁的进口来源国高度集中，进口自中国的占比高达 91.98%，排名前十的国家总共占比为 99.35%。圆盘耙进口地域分布方面，进口自中国的占比也是高达 91.72%，排名前十的国家总共占比为 99.20%。综合来看，中国是尼日利亚主要耕整地机械产品的主要进口来源国。

表 1-7 2020 年尼日利亚主要耕整地机械产品主要进口来源国分布和进口占比情况

犁	占比	圆盘耙	占比
中国	91.98%	中国	91.72%
印度	2.00%	土耳其	3.30%
巴基斯坦	1.68%	英国	1.38%
土耳其	1.07%	印度	0.71%
意大利	0.81%	巴基斯坦	0.67%
美国	0.63%	韩国	0.47%
西班牙	0.44%	西班牙	0.37%
比利时	0.36%	美国	0.30%
英国	0.23%	葡萄牙	0.16%
马来西亚	0.15%	阿联酋	0.12%

数据来源：根据 UNcomtrade 数据整理得到。

四、收获机械

收获机械是尼日利亚进口贸易额较高的大类农机产品。从细分产品进口贸易情况来看（表 1-8），占收获机械进口额比重最高的是其他收获机械，占比高达 60.52%，联合收割机占比也达到了 24.81%。

表 1-8 2020 年尼日利亚收获机械进口贸易情况

单位：千美元

类别	进口额
联合收割机	2 693.66
脱粒机	1 554.84
根茎或块茎收获机	37.69
其他收获机械	6 570.67

数据来源：根据 UNcomtrade 数据整理得到。

表 1-9 展示了 2020 年尼日利亚主要收获机械产品主要进口来源国和进口占比情况。可以看出，联合收割机进口集中度较高，最高的中国占到了 59.72%，紧随其后的印度占比为 13.17%。其他收获机械进口集中度也较高，中国、巴西和英国占比分别为 44.71%、23.40%、

20.01%。可见，中国是尼日利亚主要收获机械产品最主要的进口来源国。

表1-9　2020年尼日利亚主要收获机械产品主要进口来源国分布和进口占比情况

联合收割机	占比	其他收获机械	占比
中国	59.72%	中国	44.71%
印度	13.17%	巴西	23.40%
日本	8.17%	英国	20.01%
泰国	6.62%	印度	7.18%
英国	5.03%	意大利	2.72%
韩国	2.19%	土耳其	1.04%
德国	1.64%	西班牙	0.62%
美国	1.30%	日本	0.26%
巴基斯坦	0.66%	荷兰	0.07%
荷兰	0.17%		

数据来源：根据UNcomtrade数据整理得到。

五、畜禽养殖机械

畜禽养殖机械是尼日利亚主要农机产品中进口贸易额较高的大类农机产品。从细分产品进口贸易情况来看（表1-10），占畜禽养殖机械进口额比重最高是家禽孵卵器及育雏器，占比为37.78%，且2020年度进口额位居世界第一；其次是家禽饲养机械和动物饲料配制机，占比分别为32.55%和23.50%，挤奶机、割草机、饲草收获机和打捆机占比均较低。

表1-10　2020年尼日利亚畜禽养殖机械进口贸易情况

单位：千美元

类别	进口额
挤奶机	439.05
动物饲料配制机	11 748.73
家禽孵卵器及育雏器	18 888.41

（续）

类别	进口额
家禽饲养机械	16 276.34
割草机	1 520.18
饲草收获机	195.84
打捆机	930.52

数据来源：根据 UNcomtrade 数据整理得到。

表 1-11 展示了 2020 年尼日利亚主要畜禽养殖机械的主要进口来源国分布和各自进口占比情况。可以看出，动物饲料配制机进口集中度相对较高，中国和土耳其占比分别为 61.95% 和 14.85%，排名前十的国家合计占比为 99.80%。家禽孵卵器及育雏器进口集中度非常高，最高的中国占比达到了 83.00%，排名前十的国家合计占比为 99.95%。家禽饲养机械进口集中度则相对不高，中国、印度和马来西亚占比分别为 56.70%、14.97% 和 13.82%，排名前十的国家合计占比为 99.96%。可见，中国依然是尼日利亚主要畜禽养殖机械产品最主要的进口来源国。

表 1-11　2020 年尼日利亚主要畜禽养殖机械产品主要进口来源国分布和进口占比情况

动物饲料配制机	占比	家禽孵卵器及育雏器	占比	家禽饲养机械	占比
中国	61.96%	中国	83.00%	中国	56.70%
土耳其	14.85%	法国	4.92%	印度	14.97%
印度	7.91%	印度	4.24%	马来西亚	13.82%
德国	4.16%	荷兰	2.99%	荷兰	7.89%
韩国	3.71%	美国	2.81%	德国	2.50%
以色列	2.77%	埃及	0.50%	英国	1.88%
荷兰	2.11%	德国	0.48%	意大利	1.30%
意大利	1.98%	韩国	0.43%	葡萄牙	0.46%
南非	0.19%	比利时	0.37%	土耳其	0.39%
罗马尼亚	0.16%	土耳其	0.21%	沙特阿拉伯	0.05%

数据来源：根据 UNcomtrade 数据整理得到。

◆◆◇ 小　　结 ◇◆◆

（1）尼日利亚是非洲第一大经济体，拥有发展农业的巨大优势。主要以种植木薯、玉米和山药，以及养羊、牛和鸡为主；农业发展较为迅速，人均耕地面积基本稳定。

木薯、玉米和山药是尼日利亚主要种植的农作物。收获面积方面，2020 年木薯、山药和秋葵均位居世界第一，高粱、花生和棕榈果均位居世界第三，牛豌豆、谷子、玉米和水稻分别位居世界第二、第五、第六和第八。作物产量方面，木薯、山药和牛豌豆均位居世界第一，棕榈果和甘薯均位居世界第四，高粱和花生分别位居世界第二和第三。羊、牛和鸡为尼日利亚主要养殖的畜禽种类，2020 年山羊和绵羊存栏量分别位居世界第三和第四，野味和山羊肉产量分别位居世界第三和第四。尼日利亚农业发展较为迅速，近年来农业增加值波动上升，占非洲农业增加值的比例波动幅度较大，占全国 GDP 比例波动下降至 24％左右。人均耕地面积变化不大，基本稳定在 1.80 公顷左右。

（2）尼日利亚近年来农业机械化发展较为迅速，但与世界发达国家及一些发展中国家的发展水平相比仍相差甚远，第一产业从业人数占全社会从业人数比例波动下降，拖拉机保有量呈持续增长趋势。

尼日利亚农业机械化发展步伐非常缓慢。尽管受政策利好影响，近年来发展较为迅速，但与世界发达国家及一些发展中国家的发展水平相比仍相差甚远。第一产业从业人数占全社会从业人数的比例呈持续下降趋势，2012 年开始下降到不到 40％，到 2019 年为 35％，一定程度上表明尼日利亚农业机械化还有较大的发展潜力。1991 年至 2000 年，尼日利亚拖拉机保有量呈持续上升趋势；2022 年，尼日利亚农业机械化水平为 0.027 马力/公顷，离联合国粮农组织建议的 1.5 马力/公顷的水平还相距甚远；预计到 2027 年，尼日利亚的拖拉机保有量将达到每百平方公里 27 台。

（3）尼日利亚农机市场空间较大，但本土农机生产规模不大，同时是非洲地区的农机进口大国，主要农机产品的进口集中度较高。

尼日利亚 2018 年农用拖拉机市场价值约为 553 亿美元，但本土生产规模仅占总体市场规模的 16%～20%。主要农机产品整体上处于绝对的贸易逆差状态，主要进口农机产品为耕整地机械、收获机械和畜禽养殖机械。细分产品方面，以进口犁、圆盘耙、联合收割机、其他收获机械、动物饲料配制机、家禽孵卵器及育雏器、家禽饲养机械等为主；进口集中度非常高，尤其是单一国家或少数国家占比极高，中国是最为主要的进口来源国。

第二章　苏　丹

苏丹位于非洲东北部，红海西岸。北邻埃及，西接利比亚、乍得、中非，南毗南苏丹，东接埃塞俄比亚、厄立特里亚。苏丹人口约为4 491万，国土面积约为188万平方公里，可耕地面积约2 100万公顷。

第一节　农业发展情况

一、农业生产概况

苏丹是联合国公布的世界最不发达国家之一，经济结构单一、基础薄弱、工业落后，对自然环境及外援依赖性强。依据生态环境，苏丹可分为6大生态区域，包括干旱区、半干旱地区、高降水量草原区、低降水量草原区、中降水量草原区、岩石高原区和山区，土地易受旱灾、水灾和沙漠化影响。苏丹共包括5个种植区域或类型，分别是河灌区、自然雨灌区、机械雨灌区、牧业区和林区。农业是苏丹国民经济发展中的重要支柱，但较低的生产技术水平和薄弱的基础设施严重制约了农业发展。

从农作物的收获面积情况来看（表2-1），苏丹以种植高粱、芝麻、花生、谷子、牛豌豆、甜瓜、小麦、向日葵、棉花和洋葱等为主，且高粱、芝麻、花生和谷子稳居苏丹农作物收获面积前四位，常年收获面积在百万公顷以上。其中，2020年苏丹高粱收获面积达到了579.36万公顷，位居世界第一，约占世界总收获面积的14.39%、占非洲总收获面积的21.23%；芝麻收获面积达到了517.35万公顷，位居世界第一，约占世界总收获面积的 37.04%、占非洲总收获面积的 53.58%；花生收获面积达到了 319.72 万公顷，位居世界第四，约占世界总收获面积的 10.13%、占非洲总收获面积的 18.34%；谷子收获面积达到了 242.46 万公顷，位居世界第三，约占世界总收获面积的 7.55%、占非洲总收获面积的 12.29%；牛豌豆收获面积达到了 85.31 万公顷，位居世界第四，约占世界总收获面积的 5.67%、占非洲总收获面积的 5.76%；甜瓜收获面积达到了 41.01 万公顷，位居世界第二，约占世界总收获面积的 23.39%、占非洲总收获面积的 24.26%；洋葱收获面积达到了 10.58 万公顷，位居世界第七，约占世界总收获面积的 1.93%、占非洲总收获面积的 8.35%。

表 2-1 苏丹历年主要农作物收获面积

单位：万公顷

类别	2016 年	2017 年	2018 年	2019 年	2020 年
高粱	915.77	647.68	804.59	682.75	579.36
芝麻	213.49	270.40	348.10	424.37	517.35
花生	231.50	221.50	306.47	313.03	319.72
谷子	300.72	251.20	375.27	301.64	242.46
牛豌豆	30.79	15.89	13.53	33.98	85.31
甜瓜	57.58	57.58	80.39	57.41	41.01
小麦	21.67	17.22	28.69	30.37	32.14
向日葵	12.22	20.20	20.79	20.62	20.46
棉花	6.64	17.30	19.19	19.70	20.22
洋葱	8.77	8.94	9.51	19.70	10.58

数据来源：联合国粮农组织。

从农作物的产量情况来看（表 2-2），苏丹年产量较高的作物主要是甘蔗、花生、高粱、洋葱、芝麻、香蕉、小麦、西红柿、马铃薯以及芒果、山竹、番石榴，甘蔗、花生、高粱和洋葱是总产量较高的农作物且稳居前四，年产量均在百万吨以上。其中，2020 年甘蔗产量达到 519.25 万吨，约占非洲总产量的 5.43%；花生产量达到 277.31 万吨，位居世界第五，约占世界总产量的 5.17%、占非洲总产量的 16.45%；高粱产量达到 253.80 万吨，位居世界第八，约占世界总产量的 4.32%、占非洲总产量的 9.24%；洋葱产量达到 194.98 万吨，位居世界第九，约占世界总产量的 1.86%、占非洲总产量的 13.83%；芝麻产量达到 152.51 万吨，位居世界第一，约占世界总产量的 22.42%、占非洲总产量的 35.61%。

表 2-2 苏丹历年主要农作物产量

单位：万吨

类别	2016 年	2017 年	2018 年	2019 年	2020 年
甘蔗	600.00	648.20	608.40	544.90	519.25
花生	182.60	164.80	288.40	282.20	277.31
高粱	646.60	415.62	543.50	371.40	253.80
洋葱	158.39	159.97	171.72	191.14	194.98
芝麻	52.50	78.10	96.00	121.00	152.51
香蕉	91.01	92.83	91.32	91.86	92.39
小麦	51.60	46.30	70.20	72.60	75.08
西红柿	61.74	62.05	64.85	67.67	69.21
芒果、山竹、番石榴	78.59	64.36	65.65	66.30	66.97
马铃薯	41.53	41.86	43.96	46.59	49.39

数据来源：联合国粮农组织。

苏丹畜牧业主要以养羊和牛为主（表 2-3）。其中，2020 年末苏丹绵羊存栏量达到 4 094.61 万只，位居世界第八，约占世界总存栏量的 3.24%、占非洲总存栏量的 9.79%；山羊存栏量为 3 222.82 万只，位居世界第九，约占世界总存栏量的 2.86%、占非洲总存栏量的 6.59%；牛存栏量为 3 175.73 万头，位居世界第十，约占世界总存栏量的 2.08%、占非洲总存栏量的 8.56%；驴存栏量为 763.17 万头，位居世界第二，约占世界总存栏量的 14.41%、占非洲总存栏量的 23.02%；骆驼存栏量为 491.81 万只，位居世界第三，约占世界总存栏量的 12.72%、占非洲总存栏量的 14.60%；鸡存栏量为 5 074.70 万只，仅占非洲总存栏量的 2.45％。

表 2-3 苏丹历年主要畜禽存栏量

单位：万头、万只

类别	2016 年	2017 年	2018 年	2019 年	2020 年
绵羊	4 061.20	4 075.20	4 084.60	4 089.60	4 094.61
山羊	3 148.10	3 165.90	3 183.70	3 203.20	3 222.82
牛	3 063.20	3 092.60	3 122.30	3 148.90	3 175.73
驴	758.61	759.75	760.89	762.03	763.17
骆驼	483.00	485.00	487.20	489.50	491.81
鸡	4 788.40	4 858.40	4 929.40	5 001.50	5 074.70

数据来源：联合国粮农组织。

从主要畜禽产品的产量来看（表 2-4），产量比较高的也是与羊和牛相关的产品。其中，2020 年苏丹牛奶产量为 301.12 万吨，约占非洲总产量的 7.63％；山羊奶产量为 116.50 万吨，位居世界第三，约占世界总产量的 5.65％、占非洲总产量的 25.96％；绵羊奶产量为 41.60 万吨，位居世界第九，约占世界总产量的 3.92％、占非洲总产量的 16.66％；牛肉产量为 38.94 万吨，约占非洲总产量的 6.53％；绵羊肉产量为 26.60 万吨，位居世界第八，约占世界总产量的 2.69％、占非洲总产量的 13.74％；骆驼肉产量为 14.70 万吨，位居世界第一，约占世界总产量的 24.21％、占非洲总产量的 39.39％；山羊肉产量为 12.10 万吨，位居世界第九，约占世界总产量的 1.97％、占非洲总产量的 8.60％；鸡肉产量为 8.04 万吨，约占非洲总产量的 1.26％；鸡蛋产量为 7.54 万吨，约占非洲总产量的 2.12％。

表 2-4 苏丹历年主要畜禽产品产量

单位：万吨

类别	2016 年	2017 年	2018 年	2019 年	2020 年
牛奶	289.90	293.70	296.50	298.80	301.12
山羊奶	113.60	114.30	115.10	115.80	116.50

（续）

类别	2016 年	2017 年	2018 年	2019 年	2020 年
绵羊奶	41.10	41.20	41.40	41.50	41.60
牛肉	37.09	37.84	38.73	38.83	38.94
绵羊肉	26.10	26.30	26.40	26.50	26.60
骆驼肉	14.40	14.40	14.50	14.60	14.70
山羊肉	11.70	11.80	11.90	12.00	12.10
鸡肉	6.50	6.80	7.00	7.50	8.04
鸡蛋	6.00	6.30	6.50	7.00	7.54

数据来源：联合国粮农组织。

二、农业发展水平

从苏丹农业增加值的变化来看（图 2-1），2008 至 2020 年间总体上波动较大，由 2008 年的 229.03 亿美元变化到了 2020 年的 132.81 亿美元，在 2017 年时达到 275.40 亿美元的峰值，2018 年大幅下降至 103.98 亿美元，直到 2020 年才开始再次回升。

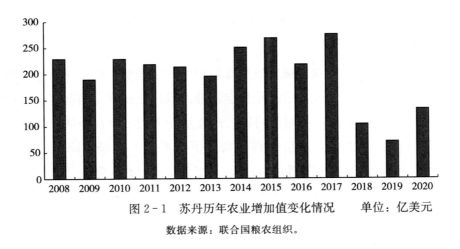

图 2-1　苏丹历年农业增加值变化情况　　单位：亿美元

数据来源：联合国粮农组织。

苏丹农业增加值占非洲农业增加值的比例呈基本稳定略有下降的总趋势（图 2-2），由 2008 年的 8.75％下降到了 2020 年的 3.32％。苏丹农业增加值占全国 GDP 的变化则几乎呈持续下降趋势，由 2008 年的 46.26％下降到了 2020 年的 21.40％。

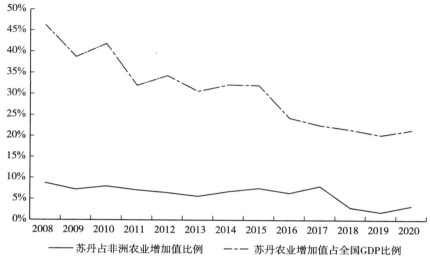

苏丹占非洲农业增加值比例 ——— 苏丹农业增加值占全国GDP比例

图 2-2　历年苏丹农业增加值占非洲农业增加值和全国 GDP 比例情况

数据来源：根据联合国粮农组织数据计算得到。

第二节　农机化发展分析

近年来，苏丹农业机械化发展也取得了一定进展，但整体水平依然不高。从第一产业从业人数占全社会从业人数的比例变化情况来看（图 2-3），可以看出 1991 年时苏丹第一产业从业人数占全社会从业人数的比例就高达 53.30％，之后一直呈持续下降趋势，但是下降幅度并不大。2004 年开始一直未超过 50％，2017 年开始才下降到 40％以下，2019 年为 38.40％，占比依然较高。

从农用拖拉机保有量来看（图 2-4），苏丹自 2011 年开始总体呈持续上升趋势，由 2011 年的 2.90 万台增长到了 2019 年的 4.77 万台，增幅较大，一定程度上也反映了苏丹这段时期较快的农机化发展速度。

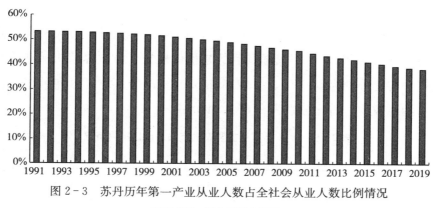

图 2-3 苏丹历年第一产业从业人数占全社会从业人数比例情况

数据来源：联合国粮农组织。

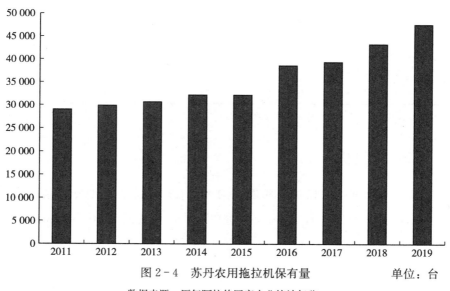

图 2-4 苏丹农用拖拉机保有量 单位：台

数据来源：历年阿拉伯国家农业统计年鉴。

第三节 农机贸易情况分析

一、主要农机产品

从进出口贸易情况来看（表2-5），2018年苏丹主要农机产品几乎没有出口，处于绝对的贸易逆差状态。从进口产品贸易结构来看，拖拉机是苏丹进口贸易额最高的产品，占 2018 年当年苏丹主要农机产品总进口额比重为 80.90%；紧随其后的是植保机械、畜禽养殖机械和收获机械，占比分别为 5.27%、5.27% 和 5.07%；耕整地机械和种植机械进口相对较少，占比分别为 2.82% 和 0.67%。

表 2-5　2018 年苏丹主要农机产品进出口贸易情况

单位：千美元

类别	出口额	进口额
拖拉机	112.00	219 327.71
耕整地机械	0	7 651.00
种植机械	0	1 817.44
植保机械	0	14 293.20
收获机械	1.00	13 738.19
畜禽养殖机械	0	14 278.58
合计	113.00	271 106.12

数据来源：根据 UNcomtrade 数据整理得到。

二、拖拉机

拖拉机是苏丹进口贸易额最高的大类农机产品。从细分产品进口贸易情况来看（表 2-6），占拖拉机进口额比重最高的是 18 千瓦及以下轮式拖拉机，占比为 52.90%；其次是 130 千瓦以上轮式拖拉机，占比为 43.45%，其他占比均不高。

表 2-6　2018 年苏丹拖拉机进口贸易情况

单位：千美元

类别	进口额
单轴拖拉机	22.06
履带式拖拉机	188.87
18 千瓦及以下轮式拖拉机	116 024.40
18 至 37 千瓦（含）轮式拖拉机	5 339.21

（续）

类别	进口额
37 至 75 千瓦（含）轮式拖拉机	2 407.81
75 至 130 千瓦（含）轮式拖拉机	42.14
130 千瓦以上轮式拖拉机	95 303.21

数据来源：根据 UNcomtrade 数据整理得到。

表 2 - 7 展示了 2018 年苏丹主要拖拉机产品的主要进口来源国分布和进口占比情况。可以看出，18 千瓦及以下轮式拖拉机的进口集中度相对不高，进口自德国、印度、意大利和中国的占比分别为 16.58%、13.68%、12.72% 和 11.55%，排名前十的国家总共占比为 87.77%。130 千瓦以上轮式拖拉机进口集中度则非常高，进口自日本的占比高达72.77%，排名前十的国家总共占比为 98.67%。综合来看，日本是苏丹主要拖拉机产品的重要进口来源国。

表 2 - 7　2018 年苏丹主要拖拉机产品主要进口来源国分布和进口占比情况

18 千瓦及以下轮式拖拉机	占比	130 千瓦以上轮式拖拉机	占比
德国	16.58%	日本	72.77%
印度	13.68%	荷兰	5.55%
意大利	12.72%	韩国	4.08%
中国	11.55%	沙特阿拉伯	3.95%
日本	6.75%	法国	3.07%
英国	6.35%	中国	2.61%
南非	5.40%	瑞典	2.37%
土耳其	5.29%	德国	1.59%
荷兰	5.14%	意大利	1.39%
沙特阿拉伯	4.31%	泰国	1.29%

数据来源：根据 UNcomtrade 数据整理得到。

三、植保机械

植保机械是苏丹主要农机产品中进口贸易额较高的大类农机产品。

从细分产品进口贸易情况来看（表2-8），占植保机械进口额比重最高的是其他植保机械，占比高达98.66%，另外两类占比均较低。

表2-8 2018年苏丹植保机械进口贸易情况

单位：千美元

类别	进口额
便携式农用喷雾器	104.67
其他农用喷雾器	86.20
其他植保机械	14 102.33

数据来源：根据UNcomtrade数据整理得到。

表2-9展示了2018年苏丹其他植保机械的主要进口来源国分布和进口占比情况。可以看出，进口集中度较高但主要来源国比较分散，进口自沙特阿拉伯、阿联酋、南非、中国和土耳其的占比分别为20.84%、20.57%、20.19%、17.10%和14.46%。

表2-9 2018年苏丹其他植保机械主要进口来源国分布和进口占比情况

其他植保机械	占比
沙特阿拉伯	20.84%
阿联酋	20.57%
南非	20.19%
中国	17.10%
土耳其	14.46%
西班牙	3.93%
巴西	0.76%
美国	0.47%
埃及	0.38%
印度	0.34%

数据来源：根据UNcomtrade数据整理得到。

四、收获机械

收获机械是苏丹主要农机产品中进口贸易额较高的大类农机产品。

从细分产品进口贸易情况来看（表 2-10），占收获机械进口额比重最高的是联合收割机，占比高达 91.75%。

表 2-10 2018 年苏丹收获机械进口贸易情况

单位：千美元

类别	进口额
联合收割机	12 604.23
脱粒机	449.73
根茎或块茎收获机	9.28
其他收获机械	674.96

数据来源：根据 UNcomtrade 数据整理得到。

表 2-11 展示了 2018 年苏丹主要收获机械产品主要进口来源国和进口占比情况。可以看出，联合收割机进口集中度相对不高，印度、中国和德国占比分别为 25.41%、24.29% 和 15.13%，排名前十的国家合计占比为 94.91%。因此，苏丹联合收割机进口来源国相对较为分散。

表 2-11 2018 年苏丹联合收割机主要进口来源国分布

联合收割机	占比
印度	25.41%
中国	24.29%
德国	15.13%
土耳其	7.49%
美国	5.79%
沙特阿拉伯	5.35%
意大利	5.33%
匈牙利	2.42%
加拿大	1.89%
比利时	1.81%

数据来源：根据 UNcomtrade 数据整理得到。

五、畜禽养殖机械

畜禽养殖机械也是苏丹主要农机产品中进口贸易额较高的大类农机

产品。从细分产品进口贸易情况来看（表 2-12），占畜禽养殖机械进口额比重最高的是家禽饲养机械，占比为 50.80%；其次是打捆机和动物饲料配制机，占比分别为 15.39% 和 13.37%，饲草收获机占比也达到了 11.28%，家禽孵卵器及育雏器和割草机占比则较低。

表 2-12   2018 年苏丹畜禽养殖机械进口贸易情况

单位：千美元

类别	进口额
挤奶机	613.18
动物饲料配制机	1 908.40
家禽孵卵器及育雏器	414.45
家禽饲养机械	7 254.15
割草机	280.26
饲草收获机	1 610.52
打捆机	2 197.63

数据来源：根据 UNcomtrade 数据整理得到。

表 2-13 展示了 2018 年苏丹主要畜禽养殖机械的主要进口来源国分布和各自进口占比情况。可以看出，动物饲料配制机进口集中度相对较高，土耳其和中国占比分别为 56.47% 和 29.30%，排名前十的国家合计占比为 99.35%。家禽饲养机械进口集中度也较高，德国和意大利占比分别为 40.37% 和 35.80%，排名前十的国家合计占比为 99.93%。打捆机进口集中度则相对不高，意大利、阿联酋和美国占比分别为 55.36%、11.67% 和 10.24%，排名前十的国家合计占比为 99.85%。可见，意大利是苏丹主要畜禽养殖机械产品的重要进口来源国。

表 2-13   2018 年苏丹主要畜禽养殖机械产品主要进口来源国分布和进口占比情况

动物饲料配制机	占比	家禽饲养机械	占比	打捆机	占比
土耳其	56.47%	德国	40.37%	意大利	55.36%
中国	29.30%	意大利	35.80%	阿联酋	11.67%
埃及	5.54%	埃及	9.36%	美国	10.24%

（续）

动物饲料配制机	占比	家禽饲养机械	占比	打捆机	占比
德国	2.21%	厄瓜多尔	7.07%	法国	8.09%
意大利	2.18%	西班牙	2.63%	荷兰	6.27%
比利时	1.79%	中国	2.23%	中国	4.66%
丹麦	0.62%	土耳其	1.73%	印度	1.69%
瑞士	0.51%	阿曼	0.42%	土耳其	1.28%
沙特阿拉伯	0.38%	比利时	0.22%	沙特阿拉伯	0.31%
叙利亚	0.35%	沙特阿拉伯	0.10%	埃及	0.28%

数据来源：根据 UNcomtrade 数据整理得到。

小 结

（1）苏丹是世界上最不发达国家之一，主要以种植高粱、芝麻、花生、谷子和甘蔗，以及养羊和牛为主；整体农业生产较为落后。

高粱、芝麻、花生、谷子和甘蔗是苏丹种植的主要农作物。收获面积方面，2020 年高粱和芝麻均位居世界第一，甜瓜、谷子、花生和洋葱分别位居第二、第三、第四和第七。作物产量方面，2020 年芝麻、花生、高粱和洋葱产量分别位居世界第一、第五、第八和第九。羊和牛为苏丹主要养殖的畜禽种类，2020 年驴、骆驼、绵羊、山羊和牛存栏量分别位居世界第二、第三、第八、第九和第十，骆驼肉、羊奶和绵羊肉产量分别位居世界第一、第三和第八，绵羊奶和山羊肉产量均位居世界第九。苏丹农业发展水平较为落后，近年来农业增加值下降明显，占非洲农业增加值的比例基本稳定而略有下降，占全国 GDP 比例持续下降并稳定在 20% 左右。

（2）苏丹农业机械化发展水平不高，第一产业从业人数占全社会从业人数比例持续下降，拖拉机保有量持续增长。

苏丹农业机械化发展水平不高，未来还有很大的发展潜力。第一产业从业人数占全社会从业人数的比例呈持续下降趋势，目前在 40% 左右，占比依然较高。另外，2011 年至 2019 年间拖拉机保有量呈持续上升趋势，一定程度上反映了苏丹这段时期较快的农机化发展速度。

（3）苏丹主要农机产品以进口为主，进口集中度较高。

苏丹主要农机产品整体上处于绝对的贸易逆差状态，主要进口农机产品为拖拉机、植保机械、收获机械和畜禽养殖机械。细分产品方面，以进口 18 千瓦及以下轮式拖拉机、130 千瓦以上轮式拖拉机、其他植保机械、联合收割机、动物饲料配制机、家禽饲养机械、打捆机等为主；进口集中度较高，但很多产品进口来源国比较分散，日本是较为重要的进口来源国。

第三章　尼　日　尔

尼日尔是西非的一个内陆国家，东邻乍得，西接马里、布基纳法索，南与贝宁、尼日利亚接壤，北与阿尔及利亚、利比亚毗连，是世界上最热的国家之一。尼日尔人口约为2 420万，国土面积约为126.7万平方公里，可耕地面积约为1 770万公顷。

第一节　农业发展情况

一、农业生产概况

尼日尔经济以农牧业为主，是联合国公布的最不发达国家之一。尼日尔经济基础薄弱，受自然灾害、国际市场波动和国内安全形势影响较大，总体十分困难，粮食生产非常不稳定。

从农作物的收获面积情况来看（表3-1），尼日尔以种植谷子、牛豌豆、高粱、花生、芝麻、秋葵和班巴拉豆等为主，几类作物收获面积近年来总体上较为稳定，且谷子、牛豌豆和高粱稳居农作物收获面积前三位，常年种植面积均在百万公顷以上。其中，2020年尼日尔谷子收获面积为674.35万公顷，位居世界第二，约占世界总收获面积的21.00%、占非洲总收获面积的34.19%；牛豌豆收获面积为572.38万公顷，位居世界第一，约占世界总收获面积的38.02%、占非洲总收获面积的38.63%；高粱收获面积为367.22万公顷，位居世界第四，约占世界总收获面积的9.12%、占非洲总收获面积的13.45%；花生收获面积为89.72万公顷，位居世界第九，约占世界总收获面积的2.84%、占非洲总收获面积的 5.15%；秋葵收获面积为 11.13 万公顷，位居世界第三，约占世界总收获面积的 4.40%、占非洲总收获面积的 5.77%；班巴拉豆收获面积为 8.12 万公顷，位居世界第一。

表 3-1　尼日尔历年主要农作物收获面积

单位：万公顷

类别	2016 年	2017 年	2018 年	2019 年	2020 年
谷子	723.02	699.88	703.38	683.12	674.35
牛豌豆	519.21	586.12	588.97	572.54	572.38
高粱	360.47	382.07	389.64	374.77	367.22
花生	77.11	92.15	91.98	89.95	89.72
芝麻	12.99	11.73	19.06	20.92	17.12
秋葵	9.66	10.99	15.16	14.84	11.13
班巴拉豆	6.58	7.90	6.93	6.81	8.12

数据来源：联合国粮农组织。

从农作物的产量情况来看（表 3-2），基本稳定在前十位的作物是谷子、牛豌豆、高粱、洋葱、木薯、花生、卷心菜、甘蔗、西红柿和生菜，谷子、牛豌豆、高粱和洋葱总产量稳居前四位，常年产量在百万吨以上。其中，2020 年谷子产量达到 350.89 万吨，位居世界第二，约占世界总产量的 11.52%、占非洲总产量的 25.42%；牛豌豆产量为 263.75 万吨，位居世界第二，约占世界总产量的 29.63%、占非洲总产量的 30.61%；高粱产量为 213.23 万吨，位居世界第九，约占世界总产量的 3.63%、占非洲总产量的 7.76%；洋葱产量为 131.04 万吨，约占非洲总产量的 9.29%。

表 3-2　尼日尔历年主要农作物产量

单位：万吨

类别	2016 年	2017 年	2018 年	2019 年	2020 年
谷子	388.61	379.00	385.63	327.05	350.89
牛豌豆	198.71	195.81	237.67	238.67	263.75

（续）

类别	2016 年	2017 年	2018 年	2019 年	2020 年
高粱	180.83	194.51	210.02	189.66	213.23
洋葱	101.16	115.90	118.03	131.32	131.04
木薯	14.66	31.97	37.24	51.37	65.82
花生	45.36	46.18	59.42	54.40	59.41
卷心菜	33.97	35.21	34.67	41.02	51.41
甘蔗	21.60	25.29	25.81	32.07	44.08
西红柿	26.91	26.34	28.98	31.09	34.43
生菜	17.44	17.17	17.00	21.66	28.89

数据来源：联合国粮农组织。

尼日尔畜牧业主要以养羊和牛为主（表3-3）。其中，2020年末尼日尔山羊存栏量达到1 883.25万只，约占非洲总存栏量的3.85%；牛存栏量达到1 613.89万头，约占非洲总存栏量的4.35%；绵羊存栏量达到1 365.47万只，约占非洲总存栏量的3.26%；驴存栏量达到194.99万头，位居世界第七，约占世界总存栏量的3.68%、占非洲总存栏量的5.88%；骆驼存栏量达到185.88万只，位居世界第五，约占世界总存栏量的4.81%、占非洲总存栏量的5.52%；鸡存栏量为2 069.60万只，仅占非洲总存栏量的1.00%。

表3-3 尼日尔历年主要畜禽存栏量

单位：万头、万只

类别	2016 年	2017 年	2018 年	2019 年	2020 年
山羊	1 609.81	1 674.20	1 741.17	1 810.81	1 883.25
牛	1 278.35	1 355.06	1 436.36	1 522.54	1 613.89
绵羊	1 189.93	1 231.57	1 274.68	1 319.29	1 365.47
驴	180.14	183.74	187.42	191.17	194.99
骆驼	176.52	178.81	181.14	183.49	185.88
鸡	1 845.80	1 895.90	1 989.30	2 029.10	2 069.60

数据来源：联合国粮农组织。

从主要畜禽产品的产量来看（表3-4），产量比较高的是与羊和牛

相关的产品。其中，2020 年尼日尔牛奶产量为 82.28 万吨，约占非洲
总产量的 2.09%；山羊奶产量为 40.73 万吨，位居世界第九，约占世
界总产量的 1.98%、占非洲总产量的 9.08%；绵羊奶产量为 16.88 万
吨，约占非洲总产量的 6.76%；骆驼奶产量为 11.20 万吨，位居世界
第六，约占世界总产量的 3.56%、占非洲总产量的 3.88%；牛肉产量
为 6.88 万吨，约占非洲总产量的 1.15%；山羊肉产量为 3.13 万吨，约
占非洲总产量的 2.23%。

表 3-4　尼日尔历年主要畜禽产品产量

单位：万吨

类别	2016 年	2017 年	2018 年	2019 年	2020 年
牛奶	65.18	69.09	73.23	77.63	82.28
山羊奶	34.82	36.21	37.66	39.17	40.73
绵羊奶	14.71	15.22	15.76	16.31	16.88
骆驼奶	10.64	10.77	10.91	11.06	11.20
牛肉	5.89	5.98	6.10	5.75	6.88
山羊肉	2.57	2.91	2.82	3.08	3.13

数据来源：联合国粮农组织。

二、农业发展水平

从尼日尔农业增加值的变化来看（图 3-1），1970 至 2020 年间总
体上呈现出波动上升的趋势，但绝对值非常低。由 1970 年的 2.53 亿美
元增长到了 2020 年的 52.75 亿美元，达到这期间的峰值，但仍然不足
百亿美元。

尼日尔农业增加值占非洲农业增加值的比例非常低且基本稳定
（图 3-2），在 1% 左右，整体上由 1970 年的 1.18% 变化为 2020 年的
1.32%。尼日尔农业增加值占全国 GDP 的变化整体下降且波动性变化
明显，峰值为 1974 年的 43.67%，整体上由 1970 年的 43.49% 变化为
2020 年的 38.38%，占比非常高。

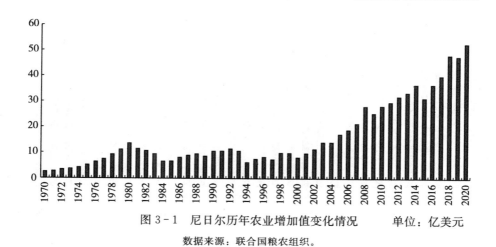

图 3-1 尼日尔历年农业增加值变化情况　　单位：亿美元

数据来源：联合国粮农组织。

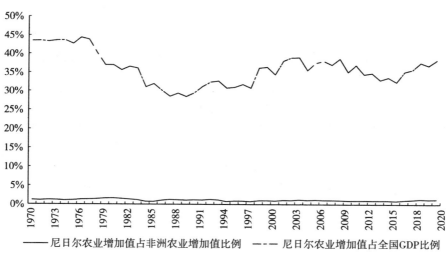

——尼日尔农业增加值占非洲农业增加值比例　---尼日尔农业增加值占全国GDP比例

图 3-2 历年尼日尔农业增加值占非洲农业增加值和全国 GDP 比例情况

数据来源：根据联合国粮农组织数据计算得到。

三、农业经营规模

图 3-3 展示了尼日尔人均耕地面积变化情况。可以看出，1991 年以来尼日尔人均耕地面积呈下降趋势，整体上由 1991 年的 4.75 公顷变化到了 2019 年的 2.91 公顷。

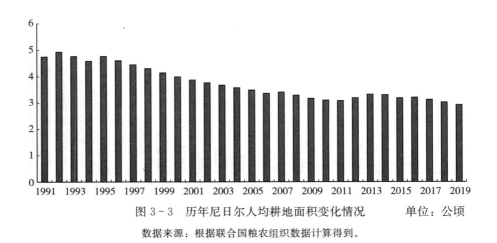

图 3-3　历年尼日尔人均耕地面积变化情况　　单位：公顷

数据来源：根据联合国粮农组织数据计算得到。

　　尼日尔 2008 年户均经营规模约为 4.02 公顷。从每户经营人数来看（表 3-5），经营人数在 3～5 人的农户数量占比最高，达到了 40.40%，其次是经营人数在 6～10 人的农户，占比为 37.35%，经营人数在 16 人以上的农户数量占比最低，为 2.60%。

表 3-5　尼日尔农户分布情况

经营人数	农户数量（个）
3 人以下	183 814
3～5 人	657 436
6～10 人	607 848
11～15 人	135 852
16 人以上	42 344

数据来源：尼日尔 2004—2008 年农业普查。

第二节　农机化发展分析

　　尼日尔农业机械化发展一直比较缓慢，2008 年时全国仅有约150 台拖拉机。近年来，尼日尔政府对农业和农机化发展都比较重视，出台了相关政策和措施，如实施"尼日尔养活尼日尔人（3N）"计划促进农机化发展等。2014 年，尼日尔政府就从中国采购了总额为 327 亿西非法郎的 1 500 台拖拉机。其中，1 300 台被分配到 8 个行政大区，100 台用于全国农业物资中心（CAIMA），100 台用于国家水利农业整治办公室（ONAHA）。此外，采购内容还包含了对 1 500 名拖拉机操作员和 300 名维修工人的培训。但是，目前尼日尔农机化发展水平依然非常低。

从第一产业从业人数占全社会从业人数的比例变化情况来看（图 3-4），1991 年时尼日尔第一产业从业人数占全社会从业人数的比例就高达 76.50%，随后几乎没有明显变化，2006 年开始下降到 76% 以下，2012 年开始下降到 75% 以下，2019 年为 72.50%，一定程度上也反映了尼日尔较低的农机化发展水平。

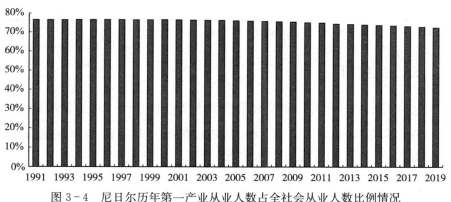

图 3-4　尼日尔历年第一产业从业人数占全社会从业人数比例情况

数据来源：联合国粮农组织。

第三节　农机贸易情况分析

一、主要农机产品

从进出口贸易情况来看（表 3-6），2020 年尼日尔主要农机产品几乎没有出口，处于绝对的贸易逆差状态。从进口产品贸易结构来看，拖拉机是尼日尔进口贸易额最高的产品，占 2020 年当年尼日尔主要农机

产品总进口额比重为 91.07%；紧随其后的是耕整地机械，占比为
5.00%；种植机械、植保机械、收获机械和畜禽养殖机械进口则较少，
占比分别为 0.04%、1.92%、0.72%和 1.25%。

表 3-6 2020 年尼日尔主要农机产品进出口贸易情况

单位：千美元

类别	出口额	进口额
拖拉机	61.47	4 710.65
耕整地机械	0	258.5
种植机械	0	2.16
植保机械	0	99.23
收获机械	0	37.39
畜禽养殖机械	0	64.68
合计	61.47	5 172.61

数据来源：根据 UNcomtrade 数据整理得到。

二、拖拉机

拖拉机是尼日尔进口贸易额最高的大类农机产品。从细分产品进口
贸易情况来看（表 3-7），占拖拉机进口额比重最高的是单轴拖拉机，
占比高达 85.98%，其他占比均不高。

表 3-7 2020 年尼日尔拖拉机进口贸易情况

单位：千美元

类别	进口额
单轴拖拉机	4 050.08
履带式拖拉机	109.98
18 千瓦及以下轮式拖拉机	188.97
18 至 37 千瓦（含）轮式拖拉机	6.64
37 至 75 千瓦（含）轮式拖拉机	214.97
75 至 130 千瓦（含）轮式拖拉机	3.13
130 千瓦以上轮式拖拉机	136.88

数据来源：根据 UNcomtrade 数据整理得到。

　　表 3-8 展示了 2020 年尼日尔单轴拖拉机的主要进口来源国分布和进口占比情况。可以看出，单轴拖拉机进口集中度非常高，进口来源国较为单一，来自中国的占比高达 99.87％。因此，中国是尼日尔单轴拖拉机的主要进口来源国。

表 3-8　2020 年尼日尔单轴拖拉机主要进口来源国分布和进口占比情况

单轴拖拉机	占比
中国	99.87％
德国	0.13％

数据来源：根据 UNcomtrade 数据整理得到。

小　　结

　　（1）尼日尔是世界上最不发达国家之一，主要以种植谷子、牛豌豆和高粱，以及养羊和牛为主；农业发展非常落后，粮食生产不稳定。

　　谷子、牛豌豆和高粱是尼日尔主要种植的农作物。收获面积方面，2020 年牛豌豆和班巴拉豆均位居世界第一，谷子、秋葵和高粱分别位居世界第二、第三和第四。作物产量方面，2020 年谷子和牛豌豆均位居世界第二，高粱位居世界第九。羊和牛为尼日尔主要养殖的畜禽种类，2020 年骆驼和驴存栏量分别位居世界第五和第七，骆驼奶和山羊奶产量分别位居世界第六和第九。尼日尔农业发展非常落后，近年来农业增加值呈波动上升趋势，占非洲农业增加值的比例非常低且基本稳定，占全国 GDP 比例波动下降并稳定在 40％左右。人均耕地面积呈持续下降趋势。

　　（2）尼日尔农业机械化发展水平非常低，第一产业从业人数占全社会从业人数比例变化不大。

　　尼日尔农业机械化发展一直比较缓慢，2008 年时全国仅有约 150 台拖拉机。尽管出台了一定的发展政策措施，但发展水平依然非常低。第一产业从业人数占全社会从业人数的比例变化不大，2019 年在 70％

左右。

（3）尼日尔主要农机产品以进口为主，进口集中度极高。

尼日尔主要农机产品整体上处于绝对的贸易逆差状态，主要进口农机产品为拖拉机，且以进口单轴拖拉机为主；进口集中度极高，中国是尼日尔最为重要的进口来源国。

第四章　埃塞俄比亚

埃塞俄比亚是非洲东北部内陆国。东与吉布提、索马里毗邻，西同苏丹、南苏丹交界，南与肯尼亚接壤，北接厄立特里亚。高原占全国面积的 2/3，平均海拔近 3 000 米，素有"非洲屋脊"之称。埃塞俄比亚人口约为 1.12 亿，国土面积约为 110.36 万平方公里，可耕地面积约为 1 620 万公顷。

第一节　农业发展情况

一、农业生产概况

埃塞俄比亚是世界上最不发达国家之一，经济发展以农牧业为主，工业基础薄弱。种植业发展以小农耕作为主，广种薄收，靠天吃饭，常年缺粮。近年来，因政府取消农产品销售垄断、放松价格控制、鼓励农业小型贷款、加强农技推广和化肥使用，粮食产量有所上升。埃塞俄比亚是畜牧大国，适牧地占国土一半多，但以家庭放牧为主、抗灾力低。

从农作物的收获面积情况来看（表 4-1），埃塞俄比亚以种植玉米、小麦、高粱、大麦、咖啡豆、蚕豆、谷子、芝麻、干豆和鹰嘴豆等为主，且玉米、小麦和高粱稳居农作物收获面积前三位，常年种植面积均在百万公顷以上。其中，2020 年埃塞俄比亚玉米收获面积为236.35 万公顷，约占非洲总收获面积的 5.49%；小麦收获面积为 182.91 万公顷，约占非洲总收获面积的 18.35%；高粱收获面积为 178.97 万公顷，位居世界第八，约占世界总收获面积的 4.45%、占非洲总收获面积的 6.56%。

另外，咖啡豆收获面积为 85.66 万公顷，位居世界第三，约占世界总收获面积的 7.76%、占非洲总收获面积的 28.06%；蚕豆收获面积为 50.46 万公顷，位居世界第二，约占世界总收获面积的 18.89%、占非洲总收获面积的 66.17%；芝麻收获面积为 36.99 万公顷，位居世界第九，约占世界总收获面积的 2.65%、占非洲总收获面积的 3.82%。

表 4-1　埃塞俄比亚历年主要农作物收获面积

单位：万公顷

类别	2016 年	2017 年	2018 年	2019 年	2020 年
玉米	300.22	316.68	241.50	227.43	236.35
小麦	169.61	169.69	174.79	178.94	182.91
高粱	188.20	189.64	182.97	182.82	178.97
大麦	117.12	101.42	80.02	95.07	89.70
咖啡豆	70.05	72.60	76.49	75.85	85.66
蚕豆	42.77	43.71	49.23	46.67	50.46
谷子	45.62	45.61	44.69	45.56	48.05
芝麻	33.79	37.01	29.48	37.51	36.99
干豆	70.93	68.85	33.25	28.11	31.16
鹰嘴豆	22.56	24.27	23.98	20.88	22.07

数据来源：联合国粮农组织。

从农作物的产量情况来看（表 4-2），埃塞俄比亚基本稳定在前十位的作物是玉米、小麦、高粱、芋头、大麦、甘薯、甘蔗、谷子、马铃薯和蚕豆。其中，2020 年玉米产量为 1 002.23 万吨，约占非洲总产量的 11.07%；小麦产量为 547.87 万吨，约占非洲总产量的 21.71%；高粱产量为 505.80 万吨，位居世界第三，约占世界总产量的 8.62%、占非洲总产量的 18.41%；芋头产量为 232.80 万吨，位居世界第二，约占世界总产量的 18.13%、占非洲总产量的 23.35%；大麦产量为 226.13 万吨，约占非洲总产量的 40.86%；甘薯产量为 159.88 万吨，位居世界第六，约占世界总产量的 1.79%、占非洲总产量的 5.55%；谷子产量为 121.86 万吨，位居世界第六，约占世界总产量的 4.00%、占非洲总产量的 8.83%；蚕豆产量为 107.06 万吨，位居世界第二，约占世界总产量的 18.89%、占非洲总产量的 71.80%。

表 4-2　埃塞俄比亚历年主要农作物产量

单位：万吨

类别	2016 年	2017 年	2018 年	2019 年	2020 年
玉米	884.68	1 048.82	1 011.98	963.57	1 002.23
小麦	453.79	464.30	483.81	531.53	547.87
高粱	475.21	516.93	502.44	526.56	505.80
芋头	123.32	150.86	158.85	145.28	232.80
大麦	222.11	196.03	174.89	237.80	226.13
甘薯	220.78	179.94	151.21	175.59	159.88
甘蔗	140.77	113.60	129.41	149.91	134.54
谷子	101.71	103.08	103.56	112.60	121.86
马铃薯	92.14	96.90	93.31	92.45	114.19
蚕豆	87.80	92.18	104.20	100.68	107.06

数据来源：联合国粮农组织。

埃塞俄比亚畜牧业主要以养牛和羊为主（表 4-3）。其中，2020 年末埃塞俄比亚牛存栏量为 7 029.18 万头，位居世界第四，约占世界总存栏量的 4.61%、占非洲总存栏量的 18.95%；山羊存栏量为 5 246.35 万只，位居世界第六，约占世界总存栏量的 4.65%、占非洲总存栏量的 10.73%；绵羊存栏量为 4 291.49 万只，位居世界第六，约占世界总存栏量的 3.40%、占非洲总存栏量的 10.26%；驴存栏量为 1 079.19 万头，位居世界第一，约占世界总存栏量的 20.38%、占非洲总存栏量的 32.56%；马存栏量为 214.85 万匹，位居世界第八，约占世界总存栏量的 3.76%、占非洲总存栏量的 29.45%；骆驼存栏量为 163.72 万只，位居世界第六，约占世界总存栏量的 4.24%、占非洲总存栏量的 4.86%；骡子存栏量为 38.28 万头，位居世界第五，约占世界总存栏量的 4.84%、占非洲总存栏量的 41.38%；鸡存栏量为 5 699.30 万只，约占非洲总存栏量的 2.75%。

表 4-3 埃塞俄比亚历年主要畜禽存栏量

单位：万头、万只、万匹

类别	2016 年	2017 年	2018 年	2019 年	2020 年
牛	5 948.67	6 039.20	6 151.03	6 535.41	7 029.18
山羊	3 069.79	3 273.84	3 896.39	5 050.17	5 246.35
绵羊	3 020.02	3 130.23	3 302.04	3 989.44	4 291.49
驴	843.92	884.56	965.54	998.78	1 079.19
马	215.82	200.78	193.08	211.11	214.85
骆驼	120.93	141.85	176.09	182.71	163.72
骡子	40.99	46.17	37.06	35.76	38.28
鸡	5 949.50	5 605.60	5 942.00	4 895.60	5 699.30

数据来源：联合国粮农组织。

从主要畜禽产品的产量来看（表4-4），产量比较高的是与牛和羊相关的产品。其中，2020 年埃塞俄比亚牛奶产量为 469.30 万吨，约占非洲总产量的 11.89％；牛肉产量为 43.30 万吨，约占非洲总产量的 7.26％；骆驼奶产量为 24.34 万吨，位居世界第四，约占世界总产量的 7.73％、占非洲总产量的 8.43％；山羊肉产量为 14.77 万吨，位居世界第六，约占世界总产量的 2.41％、占非洲总产量的 10.50％；绵羊肉产量为 13.78 万吨，约占非洲总产量的 6.98％；野味产量为 9.03 万吨，位居世界第五，约占世界总产量的 4.63％、占非洲总产量的 7.83％；鸡肉产量为 6.78 万吨，约占非洲总产量的 1.06％。

表 4-4 埃塞俄比亚历年主要畜禽产品产量

单位：万吨

类别	2016 年	2017 年	2018 年	2019 年	2020 年
牛奶	313.42	331.78	328.45	389.53	469.30
牛肉	38.79	38.84	39.01	40.85	43.30
骆驼奶	17.97	32.76	28.22	18.20	24.34
山羊肉	8.58	9.28	11.02	14.25	14.77
绵羊肉	9.87	10.05	10.59	12.80	13.78

（续）

类别	2016 年	2017 年	2018 年	2019 年	2020 年
野味	8.99	8.83	8.90	8.96	9.03
鸡肉	7.19	6.75	7.13	5.85	6.78

数据来源：联合国粮农组织。

二、农业发展水平

从埃塞俄比亚农业增加值的变化来看（图 4 - 1），1990 至 2020 年间总体上呈现出波动上升的总趋势。由 1990 年的 55.47 亿美元增长到了 2020 年的 343.56 亿美元，也是这期间的峰值。

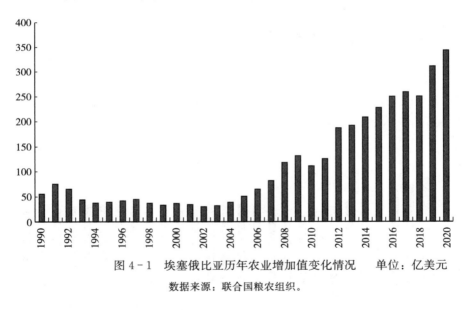

图 4 - 1　埃塞俄比亚历年农业增加值变化情况　单位：亿美元

数据来源：联合国粮农组织。

埃塞俄比亚农业增加值占非洲农业增加值的比例整体较为稳定（图 4 - 2），由 1990 年的 6.23%增长到了 2020 年的 8.59%。埃塞俄比亚农业增加值占全国 GDP 的变化则呈现出整体上持续下降的明显趋势，峰值为 1992 年的 63.83%，1998 年之后均未超过 50%，2014 年之后均未超过 40%，2020 年为 35.56%。

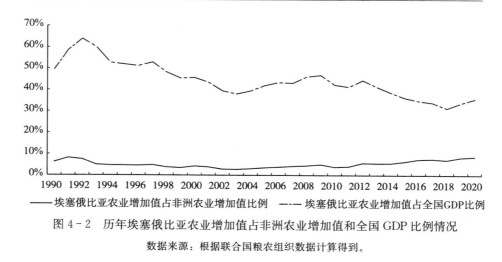

图 4-2　历年埃塞俄比亚农业增加值占非洲农业增加值和全国 GDP 比例情况

数据来源：根据联合国粮农组织数据计算得到。

三、农业经营规模

图 4-3 展示了埃塞俄比亚人均耕地面积变化情况。可以看出，1993 年以来埃塞俄比亚人均耕地面积呈波动下降趋势，整体上由 1993 年的 0.61 公顷变化到了 2019 年的 0.47 公顷。

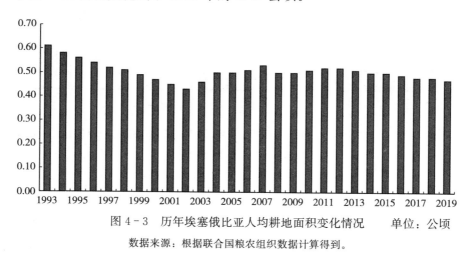

图 4-3　历年埃塞俄比亚人均耕地面积变化情况　　单位：公顷

数据来源：根据联合国粮农组织数据计算得到。

埃塞俄比亚 2002 年户均经营规模约为 1.03 公顷，表 4-5 展示了埃塞俄比亚 2001/2002 年按照经营规模分布的农户情况。从数量分布上来看，经营规模在 0.1 至 0.5 公顷的农户最多，占比达到了 29.51％；其次为经营规模在 0.5 至 1.0 公顷的农户，占比为 25.73％；经营规模在 10 公顷以上的农户数量最少，占比仅为 0.10％。从总经营面积上来看，经营规模在 1.0 至 2.0 公顷的农户占比最高，达到了 33.34％；其次是经营规模在 2.0～5.0 公顷的农户，占比为 32.64％；经营规模在 0.1 公顷以下的农户占比最低，仅为 0.35％。

表 4-5　埃塞俄比亚农户分布情况

经营规模（公顷）	农户数量（个）	总经营面积（公顷）
<0.1	819 394	38 418
0.1～0.5	3 175 027	933 428
0.5～1.0	2 767 746	2 021 798
1.0～2.0	2 612 288	3 682 947
2.0～5.0	1 276 773	3 605 515
5.0～10.0	97 037	612 070
>10.0	10 333	153 072

数据来源：埃塞俄比亚 2001/2002 年农业普查。

第二节　农机化发展分析

埃塞俄比亚农业机械化发展水平非常落后，2007 年全国拖拉机保有量约为 3 000 台。当地农民还是普遍使用手工工具，各农业生产环节机械化水平非常低。如耕作机具较普遍的是使用牛拉的木犁或锄头，收获基本上使用镰刀，脱粒及后加工有一些简单机具的使用。基本靠毛驴从事短途农产品或生活物品的运输，较远距离就使用汽车运输。畜禽养殖基本上采用放养方式，且养殖规模较小几乎没有利用禽畜机具。2016年左右，依然广泛缺乏生产配套设施，机械化水平很低。一项调研结果显示，在中国南南合作专家所服务的区域内，没有工具和只有传统的镐锄、砍刀等简单工具的农户占到了 77.3％；服务区域的农业生产属于雨养农业，靠天吃饭的模式占到了 70.5%，灌溉农业仅占 2.2%，小农农业生产处于相对原始的粗放模式，牛、马、驴依然是生产中的主要动力来源。农机使用主要集中于少数大中型农场，农户没有普及使用。1994—2003 年，埃塞俄比亚农机保有量仅为每百平方公里 2.71 台。2016 年，埃塞俄比亚平均总动力仅为 0.1 千瓦/公顷。

从第一产业从业人数占全社会从业人数的比例变化情况来看（图 4-4），可以看出 1991 年时埃塞俄比亚第一产业从业人数占全社会从业人数的比例高达 76.80%，尽管之后一直呈持续下降趋势，但变化并不大。2015 年开始下降到 70% 以下，2019 年为 66.60%，占比依然非常高。

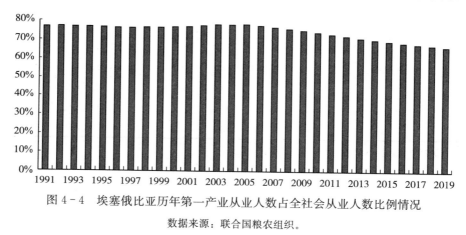

图 4-4 埃塞俄比亚历年第一产业从业人数占全社会从业人数比例情况

数据来源：联合国粮农组织。

第三节　农机贸易情况分析

一、主要农机产品

从进出口贸易情况来看（表 4-6），2020 年埃塞俄比亚主要农机产品几乎没有出口记录，处于绝对的贸易逆差状态。从进口产品贸易结构来看，收获机械是埃塞俄比亚进口贸易额最高的产品，占 2020 年当年埃塞俄比亚主要农机产品总进口额比重的 40.01%；其次是拖拉机，占比为 37.61%；紧随其后的是畜禽养殖机械和植保机械，占比分别为 8.34% 和

7.96%；耕整地机械和种植机械占比相对较低，分别为5.28%和0.79%。

表4-6　2020年埃塞俄比亚主要农机产品进口贸易情况

单位：千美元

类别	出口额	进口额
拖拉机	37.69	37 979.34
耕整地机械	0.19	5 332.20
种植机械	0	800.92
植保机械	0	8 043.73
收获机械	0	40 409.95
畜禽养殖机械	0	8 426.83
合计	37.88	100 992.97

数据来源：根据 UNcomtrade 数据整理得到。

二、拖拉机

拖拉机是埃塞俄比亚进口贸易额较高的大类农机产品。从细分产品进口贸易情况来看（表4-7），占拖拉机进口额比重最高的是履带式拖拉机，占比高达59.49%，且2020年度进口额位居世界第九；其次是37至75千瓦轮式拖拉机，占比为24.25%；75至130千瓦轮式拖拉机占比也达到了11.20%，其他占比均不高。

表4-7　2020年埃塞俄比亚拖拉机进口贸易情况

单位：千美元

类别	进口额
单轴拖拉机	808.02
履带式拖拉机	22 595.22
18千瓦及以下轮式拖拉机	1 074.16
18至37千瓦（含）轮式拖拉机	29.81
37至75千瓦（含）轮式拖拉机	9 211.54
75至130千瓦（含）轮式拖拉机	4 255.25
130千瓦以上轮式拖拉机	5.34

数据来源：根据 UNcomtrade 数据整理得到。

表 4-8 展示了 2020 年埃塞俄比亚主要拖拉机产品的主要进口来源国分布和进口占比情况。可以看出，履带式拖拉机的进口集中度相对不高，占比最高的英国为 53.29%，排名前十的国家总共占比为 99.86%。37 至 75 千瓦轮式拖拉机进口地域分布方面，进口自中国、印度和白俄罗斯的占比分别为 45.42%、30.88% 和 22.13%。75 至 130 千瓦轮式拖拉机进口集中度非常高，进口自中国的占比就高达 86.14%。综合来看，英国、印度和中国是埃塞俄比亚主要拖拉机产品的重要进口来源国。

表 4-8　2020 年埃塞俄比亚主要拖拉机产品主要进口来源国分布和进口占比情况

履带式拖拉机	占比	37 至 75 千瓦轮式拖拉机	占比	75 至 130 千瓦轮式拖拉机	占比
英国	53.29%	中国	45.42%	中国	86.14%
印度	12.40%	印度	30.88%	白俄罗斯	5.70%
巴西	6.97%	白俄罗斯	22.13%	意大利	2.73%
墨西哥	6.50%	意大利	0.68%	土耳其	1.91%
土耳其	6.25%	巴西	0.50%	法国	1.65%
意大利	5.72%	美国	0.25%	德国	1.17%
中国	4.50%	日本	0.13%	荷兰	0.68%
美国	3.55%				
巴基斯坦	0.58%				
荷兰	0.10%				

数据来源：根据 UNcomtrade 数据整理得到。

三、植保机械

植保机械是埃塞俄比亚进口贸易额较高的大类农机产品。从细分产品进口贸易情况来看（表 4-9），占植保机械进口额比重最高的是其他植保机械，占比高达 65.48%，便携式农用喷雾器占比也达到了 27.90%。

表 4 - 9　2020 年埃塞俄比亚植保机械进口贸易情况

单位：千美元

类别	进口额
便携式农用喷雾器	2 244.5
其他农用喷雾器	532.5
其他植保机械	5 266.73

数据来源：根据 UNcomtrade 数据整理得到。

表 4 - 10 展示了 2020 年埃塞俄比亚其他植保机械的主要进口来源国分布和进口占比情况。可以看出，进口集中度较高但主要来源国比较分散，进口自以色列、英国、中国和西班牙的占比分别为 29.59%、19.22%、15.76% 和 10.93%，排名前十的国家总共占比为 99.50%。

表 4 - 10　2020 年埃塞俄比亚其他植保机械主要进口来源国分布和进口占比情况

其他植保机械	占比
以色列	29.59%
英国	19.22%
中国	15.76%
西班牙	10.93%
荷兰	9.43%
意大利	6.50%
波兰	3.66%
巴西	3.21%
印度	0.68%
希腊	0.52%

数据来源：根据 UNcomtrade 数据整理得到。

四、收获机械

收获机械是埃塞俄比亚进口贸易额最高的大类农机产品。从细分产品进口贸易情况来看（表 4 - 11），占收获机械进口额比重最高的是联合收割机，占比高达 94.65%。

表 4 - 11 2020 年埃塞俄比亚收获机械进口贸易情况

单位：千美元

类别	进口额
联合收割机	38 246.54
脱粒机	1 368.79
根茎或块茎收获机	0.33
其他收获机械	794.29

数据来源：根据 UNcomtrade 数据整理得到。

表 4 - 12 展示了 2020 年埃塞俄比亚联合收割机主要进口来源国和进口占比情况。可以看出，联合收割机进口集中度较高，最高的德国占比达到了 38.23%，波兰和中国占比分别为 37.63% 和 20.23%，三国合计占比达到了 96.09%。可见，德国、波兰和中国是埃塞俄比亚联合收割机主要进口来源国。

表 4 - 12 2020 年埃塞俄比亚联合收割机主要进口来源国分布和进口占比情况

联合收割机	占比
德国	38.23%
波兰	37.63%
中国	20.23%
匈牙利	1.76%
俄罗斯	1.33%
巴西	0.30%
意大利	0.29%
芬兰	0.23%

数据来源：根据 UNcomtrade 数据整理得到。

五、畜禽养殖机械

畜禽养殖机械也是埃塞俄比亚进口贸易额较高的大类农机产品。从细分产品进口贸易情况来看（表 4 - 13），占畜禽养殖机械进口额比重最高的是割草机，占比为 46.05%；其次是家禽饲养机械和动物饲料配制机，占比分别为 23.28% 和 21.90%，其他占比较低。

表 4-13　2020 年埃塞俄比亚畜禽养殖机械进口贸易情况

单位：千美元

类别	进口额
挤奶机	291.89
动物饲料配制机	1 827.24
家禽孵卵器及育雏器	148.25
家禽饲养机械	1 941.98
割草机	3 842.01
打捆机	291.89

数据来源：根据 UNcomtrade 数据整理得到。

表 4-14 展示了 2020 年埃塞俄比亚主要畜禽养殖机械的主要进口来源国分布和各自进口占比情况。可以看出，动物饲料配制机进口集中度较高，最高的中国占比达到了 63.02%，荷兰和南非占比分别为 15.39% 和 12.38%。家禽饲养机械进口集中度也较高，意大利和中国占比分别为 53.42% 和 32.80%。割草机进口集中度也较高，意大利、波兰和中国占比分别为 43.22%、31.59% 和 19.57%。可见，意大利和中国是埃塞俄比亚主要畜禽养殖机械产品的重要进口来源国。

表 4-14　2020 年埃塞俄比亚主要畜禽养殖机械产品主要进口来源国分布和进口占比情况

动物饲料配制机	占比	家禽饲养机械	占比	割草机	占比
中国	63.02%	意大利	53.42%	意大利	43.22%
荷兰	15.39%	中国	32.80%	波兰	31.59%
南非	12.38%	荷兰	12.33%	中国	19.57%
美国	5.00%	英国	0.82%	德国	2.12%
土耳其	3.74%	南非	0.28%	俄罗斯	1.73%
波兰	0.47%	土耳其	0.15%	荷兰	1.04%
		波兰	0.12%	土耳其	0.21%
		印度	0.06%	捷克	0.18%
		沙特阿拉伯	0.02%	乌克兰	0.17%
				印度	0.15%

数据来源：根据 UNcomtrade 数据整理得到。

◆•∙◈∙•◆ 小 结 ◈•∙◆

（1）埃塞俄比亚是世界上最不发达国家之一，主要以种植玉米、小麦和高粱，以及养牛和羊为主；近年来农业生产发展较快。

埃塞俄比亚是世界上最不发达国家之一，经济发展以农牧业为主，工业基础薄弱。玉米、小麦和高粱是主要种植的农作物。收获面积方面，2020 年蚕豆、咖啡豆、高粱和芝麻分别位居世界第二、第三、第八和第九。作物产量方面，2020 年芋头和蚕豆均位居世界第二，高粱位居世界第三，甘薯和谷子均位居世界第六。牛和羊为埃塞俄比亚主要养殖的畜禽种类，2020 年驴、牛、骡子和马存栏量分别位居世界第一、第四、第五和第八，山羊和骆驼存栏量均位居世界第六，骆驼奶、野味和山羊肉产量分别位居世界第四、第五和第六。埃塞俄比亚农业生产发展较快，近年来农业增加值呈波动上升趋势，占非洲农业增加值的比例整体较为稳定，占全国 GDP 比例持续下降并稳定在 35% 左右。人均耕地面积呈波动下降趋势，2002 年户均经营规模约为 1.03 公顷。

（2）埃塞俄比亚农业机械化发展水平非常落后，第一产业从业人数占全社会从业人数比例变化不大。

埃塞俄比亚农业机械化发展水平非常落后，2007 年全国拖拉机保有量仅约为 3 000 台，2016 年平均总动力仅为 0.1 千瓦/公顷。第一产业从业人数占全社会从业人数的比例波动下降但不明显，2019 年依然高达 66.60%，农业机械化发展任重道远。

（3）埃塞俄比亚主要农机产品以进口为主，进口集中度较高。

埃塞俄比亚主要农机产品整体上处于绝对的贸易逆差状态，主要进口农机产品为拖拉机、植保机械、收获机械和畜禽养殖机械。细分产品方面，以履带式拖拉机、37 至 75 千瓦轮式拖拉机、75 至 130 千瓦轮式拖拉机、其他植保机械、联合收割机、动物饲料配制机、家禽饲养机械、割草机等为主；进口集中度较高，部分产品进口来源国比较分散，德国、波兰、英国、印度和中国是较为重要的进口来源国。

第五章　坦桑尼亚

坦桑尼亚位于非洲东部、赤道以南。北与肯尼亚和乌干达交界，南与赞比亚、马拉维、莫桑比克接壤，西与卢旺达、布隆迪和刚果（金）为邻，东濒印度洋。坦桑尼亚人口约为 5 910 万，国土面积约为 94.5 万平方公里，可耕地面积约为 1 350 万公顷。

第一节　农业发展情况

一、农业生产概况

作为联合国宣布的世界最不发达国家之一，坦桑尼亚经济以农业为主，粮食勉强自给。近年来，坦桑尼亚政府提出"农业第一"战略和南部经济发展走廊计划，大力推动农业生产，粮食不断增产。

从农作物的收获面积情况来看（表 5-1），坦桑尼亚以种植玉米、水稻、木薯、向日葵、花生、芝麻、干豆、腰果、高粱和甘薯等为主，且玉米和水稻基本上稳居农作物收获面积前两位，常年种植面积均在百万公顷以上。其中，2020 年坦桑尼亚玉米收获面积为 420.00 万公顷，位居世界第九，约占世界总收获面积的 2.08%、占非洲总收获面积的 9.75%；水稻收获面积为 158.70 万公顷，约占非洲总收获面积的 9.24%；木薯收获面积为 104.03 万公顷，位居世界第七，约占世界总收获面积的 3.68%、占非洲总收获面积的 4.63%；向日葵收获面积为 103.00 万公顷，位居世界第五，约占世界总收获面积的 3.70%、占非洲总收获面积的 45.78%；花生收获面积为 100.00 万公顷，位居世界第七，约占世界总收获面积的 3.17%、占非洲总收获面积的 5.74%；芝麻收获面积为 96.00 万公顷，位居世界第四，约占世界总收获面积的 6.87%、占非洲总收获面积的 9.90%；干豆收获面积为 94.34 万公顷，位居世界第六，约占世界总收获面积的 2.71%、占非洲总收获面积的 11.15%；腰果收获面积为 81.62 万公顷，位居世界第三，约占世界总收获面积的 11.49%、占非洲总收获面积的 17.49%；甘薯收获面积为 61.18 万公顷，位居世界第三，约占世界总收获面积的 8.27%、占非洲总收获面积的 14.52%。

表 5-1　坦桑尼亚历年主要农作物收获面积

单位：万公顷

类别	2016 年	2017 年	2018 年	2019 年	2020 年
玉米	387.81	381.79	354.64	342.86	420.00
水稻	103.92	109.73	103.29	105.25	158.70
木薯	99.51	120.22	98.35	99.08	104.03
向日葵	93.00	96.00	98.00	100.00	103.00
花生	95.00	96.00	98.00	99.00	100.00
芝麻	101.00	85.00	90.00	94.00	96.00
干豆	103.95	111.98	89.66	89.36	94.34
腰果	37.82	51.05	122.21	101.03	81.62
高粱	73.00	75.37	60.96	64.69	70.00
甘薯	68.48	73.37	53.05	53.95	61.18

数据来源：联合国粮农组织。

从农作物的产量情况来看（表 5-2），坦桑尼亚基本稳定在前十位的作物是木薯、玉米、水稻、甘薯、甘蔗、香蕉、干豆、马铃薯、向日葵和高粱，木薯和玉米是总产量较高的农作物且稳居前两位，常年产量在 500 万吨以上。其中，2020 年木薯产量为 754.99 万吨，位居世界第十，约占世界总产量的 2.49%、占非洲总产量的 3.90%；玉米产量为 671.10 万吨，约占非洲总产量的 7.41%；水稻产量为 452.80 万吨，约占非洲总产量的 11.95%；甘薯产量为 443.51 万吨，位居世界第三，约占世界总产量的 4.96%、占非洲总产量的 15.40%；香蕉产量为341.94 万吨，位居世界第九，约占世界总产量的 2.85%、占非洲总产量的 16.09%；干豆产量为 126.77 万吨，位居世界第六，约占世界总产量的 4.60%、占非洲总产量的 77.92%。

表 5-2　坦桑尼亚历年主要农作物产量

单位：万吨

类别	2016 年	2017 年	2018 年	2019 年	2020 年
木薯	520.15	402.53	837.22	818.41	754.99
玉米	614.90	668.08	627.32	565.20	671.10
水稻	222.90	245.17	341.48	347.48	452.80
甘薯	398.47	544.08	374.41	392.16	443.51
甘蔗	303.73	306.06	311.78	358.95	361.96
香蕉	316.49	253.37	339.55	340.69	341.94
干豆	119.42	142.84	109.69	119.75	126.77
马铃薯	108.15	58.31	108.01	101.34	107.83
向日葵	95.00	99.00	100.00	104.00	107.50
高粱	73.98	75.50	67.22	73.19	75.00

数据来源：联合国粮农组织。

坦桑尼亚畜牧业主要以养牛和羊为主（表 5-3）。其中，2020 年末坦桑尼亚牛存栏量为 2 833.50 万头，约占非洲总存栏量的 7.64%；山羊存栏量为 1 861.87 万只，约占非洲总存栏量的 3.81%；绵羊存栏量为 785.48 万只，仅占非洲总存栏量的 1.88%；生猪存栏量为 52.09 万头，仅占非洲总存栏量的 1.18%；鸡存栏量为 3 799.50 万只，仅占非洲总存栏量的 1.83%。

表 5-3　坦桑尼亚历年主要畜禽存栏量

单位：万头、万只

类别	2016 年	2017 年	2018 年	2019 年	2020 年
牛	2 710.17	2 656.59	2 729.86	2 781.68	2 833.50
山羊	1 701.77	1 748.94	1 796.88	1 838.76	1 861.87

（续）

类别	2016 年	2017 年	2018 年	2019 年	2020 年
绵羊	718.79	746.13	736.90	732.20	785.48
生猪	51.29	51.69	51.75	51.93	52.09
鸡	3 706.80	3 778.70	3 792.40	3 836.90	3 799.50

数据来源：联合国粮农组织。

从主要畜禽产品的产量来看（表 5－4），产量比较高的是与牛和羊相关的产品。其中，2020 年坦桑尼亚牛奶产量为 301.00 万吨，约占非洲总产量的 7.63％；牛肉产量为 48.67 万吨，约占非洲总产量的 8.16％；山羊奶产量为 21.12 万吨，约占非洲总产量的 4.71％；鸡蛋产量为 9.00 万吨，约占非洲总产量的 2.54％；鸡肉产量为 8.66 万吨，约占非洲总产量的 1.36％。

表 5－4　坦桑尼亚历年主要畜禽产品产量

单位：万吨

类别	2016 年	2017 年	2018 年	2019 年	2020 年
牛奶	212.73	208.70	240.01	267.85	301.00
牛肉	32.38	39.46	47.17	50.68	48.67
山羊奶	19.85	20.23	20.61	20.94	21.12
鸡蛋	8.01	10.70	8.15	8.15	9.00
鸡肉	10.43	6.36	7.81	7.93	8.66

数据来源：联合国粮农组织。

二、农业发展水平

从坦桑尼亚农业增加值的变化来看（图 5－1），1970 至 2020 年间总体上呈现出持续上升的总趋势。由 1970 年的 3.82 亿美元增长到了 2020 年的 178.96 亿美元，也是这期间的峰值，尤其是 2008 年之后增长尤为迅速。

坦桑尼亚农业增加值占非洲农业增加值的比例呈波动上升的总体趋势（图 5－2），但占比不高，约在 5％以下，整体上由 1970 年的 1.61％

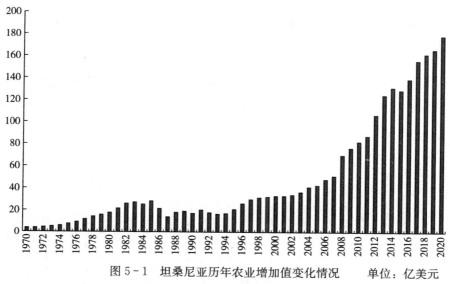

图 5-1　坦桑尼亚历年农业增加值变化情况　　单位：亿美元

数据来源：联合国粮农组织。

增长到了 2020 年的 4.47%。坦桑尼亚农业增加值占全国 GDP 的变化则呈现出整体上持续上升的趋势，由 1970 年的 16.49% 增长到了 2020 年的 26.93%。

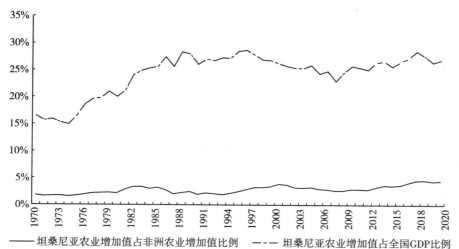

——坦桑尼亚农业增加值占非洲农业增加值比例　　---坦桑尼亚农业增加值占全国 GDP 比例

图 5-2　历年坦桑尼亚农业增加值占非洲农业增加值和全国 GDP 比例情况

数据来源：根据联合国粮农组织数据计算得到。

三、农业经营规模

图 5-3 展示了坦桑尼亚人均耕地面积变化情况。可以看出，1991 年以来坦桑尼亚人均耕地面积呈波动下降趋势，整体上由 1991 年的 0.89 公顷变化到了 2019 年的 0.77 公顷。

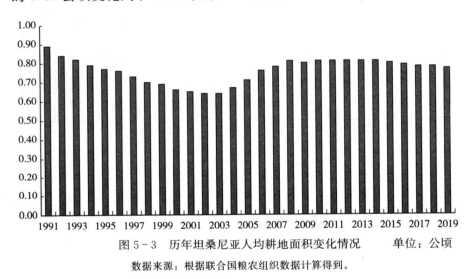

图 5-3　历年坦桑尼亚人均耕地面积变化情况　　单位：公顷

数据来源：根据联合国粮农组织数据计算得到。

坦桑尼亚户均经营规模从 2002/2003 年的 2.45 公顷增长到了 2007/2008年的 2.70 公顷。从不同经营规模的农户数量分布情况来看（表 5-5），经营规模在 0.51 至 1.00 公顷的农户数量最多，占比达到了 18.47%；其次是经营规模在 1.01 至 1.50 公顷的农户，占比为 17.43%；经营规模在 4.51～5.00 公顷的农户数量最少，占比仅为 1.59%。

表 5-5　坦桑尼亚 2007/2008 年农户数量分布情况

经营规模（公顷）	农户数量（个）
0.01～0.50	753 212
0.51～1.00	1 078 347
1.01～1.50	1 017 800
1.51～2.00	650 698
2.01～2.50	786 308

（续）

经营规模（公顷）	农户数量（个）
2.51～3.00	259 609
3.01～3.50	234 990
3.51～4.00	118 040
4.01～4.50	276 299
4.51～5.00	93 082
≥5.01	571 142

数据来源：坦桑尼亚 2007/2008 年农业普查。

第二节　农机化发展分析

近年来，坦桑尼亚对农业发展非常重视。2009 年 6 月，坦桑尼亚宣布实施"农业第一"政策，通过增加政府预算拨款，建立特别基金，鼓励各类私营部门对农业投资，为农户建立社会保险等推动农业发展。2011 年 1 月，又推出"南方农业走廊（SAGCOT）"开发计划，这个计划又称"坦赞铁路走廊"（TAZARA Corridor），是进一步贯彻落实坦桑尼亚"农业第一"政策所规划的可操作性较强的计划，其目标是将这一区域建成高产农业转型的典范并成为经济增长的"引擎"。在 2012 年 11 月举行的"坦桑尼亚农业投资推介会"上，坦桑尼亚又进一步把水稻、甘蔗作为发展的首选（还有畜牧养殖业），还重点推出三块区域，在土地、政策、资金支持方面优先考虑。然而，受资金、农机具配套、项目获利能力、物流等因素制约，规划实施步履维艰。

整体上看，坦桑尼亚的农机化发展水平非常低，小型农场或个体农户拥有的农机装备很少，基本没有中大型拖拉机，主要依靠畜力或人力耕作，小型拖拉机也不多，与拖拉机配套的农具非常短缺。大多数农机装备都集中在大型农场，但大型农场农机装备配备也仍显不足，机械化作业还不能覆盖所有的生产环节，尤其是田间日常管理和农作物收获等方面。此外，农副产品加工装备、饲料加工装备和排灌装备保有量也相当少。坦桑尼亚 2019/2020 年农业普查结果也显示，其农机保有量较少，农机化水平较低（表 5-6）。可以看出，60.04 万农户拥有 10.54 万台拖拉机，总共作业面积为 150.07 万公顷；6.57 万农户拥有 9.48 万台机动耕耘机，总共作业面积为 14.21 万公顷；175.88 万农户拥有 517.21 万头家畜，总共作业面积为 419.60 万公顷。人畜力依然是坦桑尼亚农业生产的主要动力来源。目前，坦桑尼亚尚不具备农机装备生产能力，农业生产必需的拖拉机等农机装备几乎全部依靠进口。

表 5-6　坦桑尼亚 2019/2020 年拖拉机和家畜保有量及作业面积

类别	拥有农户数量（户）	保有量（台、头）	作业面积（公顷）
拖拉机	600 438	105 403	1 500 654
机动耕耘机	65 718	94 814	142 080
家畜	1 758 750	5 172 067	4 196 023

数据来源：坦桑尼亚 2019/2020 年农业普查。

从第一产业从业人数占全社会从业人数的比例变化情况来看（图 5-4），可以发现 1991 年时坦桑尼亚第一产业从业人数占全社会从业人数的比例高达 84.70%，之后数年有所下降，2003 年开始下降至 80% 以下，2011 年开始下降至 70% 以下，2019 年为 65.10%，但整体来看依然占比非常高。

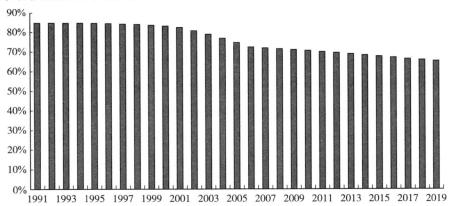

图 5-4　坦桑尼亚历年第一产业从业人数占全社会从业人数比例情况

数据来源：联合国粮农组织。

第三节　农机贸易情况分析

一、主要农机产品

从进出口贸易情况来看（表5-7），2020年坦桑尼亚主要农机产品整体上处于明显的贸易逆差状态，且六类产品全部处于贸易逆差状态，仅有极少量的出口。从出口产品结构来看，拖拉机是坦桑尼亚出口贸易额最高的产品，占2020年当年坦桑尼亚主要农机产品总出口额比重高达65.17%；其次为种植机械，占比为11.23%。从进口产品贸易结构来看，拖拉机是坦桑尼亚进口贸易额最高的产品，占2020年当年坦桑尼亚主要农机产品总进口额比重为39.05%；其次为植保机械，占比为34.20%；收获机械也占到了10.94%，耕整地机械、种植机械和畜禽养殖占比则分别为6.40%、3.20%和6.20%。

表5-7　2020年坦桑尼亚主要农机产品进出口贸易情况

单位：千美元

类别	出口额	进口额
拖拉机	776.78	25 092.27
耕整地机械	78.69	4 114.15
种植机械	133.86	2 053.62
植保机械	89.33	21 975.70
收获机械	26.49	7 028.67
畜禽养殖机械	86.72	3 984.41
合计	1 191.87	64 248.82

数据来源：根据 UNcomtrade 数据整理得到。

二、拖拉机

拖拉机是坦桑尼亚进口贸易额最高的大类农机产品。从细分产品进口贸易情况来看（表5-8），占拖拉机进口额比重最高的是37至75千瓦轮式拖拉机，占比高达51.44%；其次是75至130千瓦轮式拖拉机，占比为 21.91%；130 千瓦以上轮式拖拉机占比也达到了 14.92%，其他占比均不高。

表 5-8 2020 年坦桑尼亚拖拉机进口贸易情况

单位：千美元

类别	进口额
单轴拖拉机	1 833.56
履带式拖拉机	3.19
18 千瓦及以下轮式拖拉机	767.30
18 至 37 千瓦（含）轮式拖拉机	338.87
37 至 75 千瓦（含）轮式拖拉机	12 906.47
75 至 130 千瓦（含）轮式拖拉机	5 498.60
130 千瓦以上轮式拖拉机	3 744.28

数据来源：根据 UNcomtrade 数据整理得到。

表 5-9 展示了 2020 年坦桑尼亚主要拖拉机产品的主要进口来源国分布和进口占比情况。可以看出，37 至 75 千瓦轮式拖拉机进口集中度非常高，占比最高的印度为 78.48%，排名前十的国家总共占比为 99.09%。75 至 130 千瓦轮式拖拉机进口地域分布方面，进口自印度的占比也达到了 51.94%，排名前十的国家总共占比为 98.83%。130 千瓦以上轮式拖拉机进口集中度也非常高，进口自美国的占比高达 75.60%，排名前十的国家总共占比为 99.88%。综合来看，印度和美国是坦桑尼亚主要拖拉机产品的重要进口来源国。

表 5-9 2020 年坦桑尼亚主要拖拉机产品主要进口来源国分布和进口占比情况

37 至 75 千瓦轮式拖拉机	占比	75 至 130 千瓦轮式拖拉机	占比	130 千瓦以上轮式拖拉机	占比
印度	78.48%	印度	51.94%	美国	75.60%
美国	5.96%	巴基斯坦	13.27%	瑞士	6.98%
英国	5.30%	中国	12.93%	南非	5.68%
中国	2.58%	南非	10.33%	巴西	5.42%
土耳其	1.96%	英国	4.39%	英国	4.04%

（续）

37 至 75 千瓦轮式拖拉机	占比	75 至 130 千瓦轮式拖拉机	占比	130 千瓦以上轮式拖拉机	占比
巴基斯坦	1.72%	日本	2.09%	法国	1.41%
法国	1.41%	荷兰	1.53%	荷兰	0.28%
荷兰	0.62%	法国	1.33%	意大利	0.21%
意大利	0.62%	刚果（金）	0.68%	德国	0.14%
德国	0.44%	丹麦	0.35%	丹麦	0.13%

数据来源：根据 UNcomtrade 数据整理得到。

三、植保机械

植保机械是坦桑尼亚主要农机产品中进口贸易额较高的大类农机产品。从细分产品进口贸易情况来看（表 5-10），占植保机械进口额比重最高是其他植保机械，占比高达 84.48%，另外两类占比均较低。

表 5-10 2020 年坦桑尼亚植保机械进口贸易情况

单位：千美元

类别	进口额
便携式农用喷雾器	1 867.04
其他农用喷雾器	1 543.64
其他植保机械	18 565.02

数据来源：根据 UNcomtrade 数据整理得到。

表 5-11 展示了 2020 年坦桑尼亚其他植保机械的主要进口来源国分布和进口占比情况。可以看出，进口集中度较高但主要来源国比较分散，进口自土耳其、以色列、美国和中国的占比分别为 35.25%、19.96%、18.05% 和 10.79%，排名前十的国家总共占比为 98.27%。

表 5-11 2020 年坦桑尼亚其他植保机械主要进口来源国分布和进口占比情况

其他植保机械	占比
土耳其	35.25%
以色列	19.96%

（续）

其他植保机械	占比
美国	18.05%
中国	10.79%
南非	5.55%
西班牙	4.53%
印度	1.96%
英国	0.96%
法国	0.63%
伊朗	0.59%

数据来源：根据 UNcomtrade 数据整理得到。

四、收获机械

收获机械是坦桑尼亚进口贸易额较高的大类农机产品。从细分产品进口贸易情况来看（表 5－12），占收获机械进口额比重最高的是脱粒机和联合收割机，占比分比为 46.65% 和 30.94%。

表 5－12　2020 年坦桑尼亚收获机械进口贸易情况

单位：千美元

类别	进口额
联合收割机	2 174.61
脱粒机	3 278.67
根茎或块茎收获机	0.46
其他收获机械	1 574.93

数据来源：根据 UNcomtrade 数据整理得到。

表 5－13 展示了 2020 年坦桑尼亚主要收获机械产品主要进口来源国和进口占比情况。可以看出，联合收割机进口集中度较高，最高的泰国占到了 64.99%，中国和印度分别占 21.97% 和 10.00%。脱粒机进口集中度极高，最高的中国占到了 91.30%。可见，中国、泰国和印度是坦桑尼亚主要收获机械产品的主要进口来源国。

表 5-13 2020 年坦桑尼亚主要收获机械产品主要进口来源国分布和进口占比情况

联合收割机	占比	脱粒机	占比
泰国	64.99%	中国	91.30%
中国	21.97%	印度	5.25%
印度	10.00%	日本	1.60%
越南	2.65%	英国	0.78%
日本	0.40%	喀麦隆	0.35%
		土耳其	0.34%
		巴西	0.34%
		泰国	0.03%
		加拿大	0.00%
		美国	0.00%

数据来源：根据 UNcomtrade 数据整理得到。

小　　结

（1）坦桑尼亚是世界上最不发达国家之一，主要以种植水稻、玉米和木薯，以及养牛和羊为主；农业生产发展较快，农业经营规模有所增长。

坦桑尼亚是世界上最不发达的国家之一。水稻、玉米和木薯是坦桑尼亚主要种植的农作物。收获面积方面，2020 年腰果和甘薯均位居世界第三，木薯和花生均位居世界第七，芝麻、向日葵、干豆和玉米分别位居世界第四、第五、第六和第九。作物产量方面，甘薯、干豆、香蕉和木薯分别位居世界第三、第六、第九和第十。牛和羊为坦桑尼亚主要养殖的畜禽种类。坦桑尼亚农业生产发展较快，近年来农业增加值呈持续上升趋势，占非洲农业增加值的比例近期呈波动上升趋势，占全国GDP 比例持续上升。户均经营规模从 2002/2003 年的 2.45 公顷增长到了 2007/2008 年的 2.70 公顷。

（2）坦桑尼亚农业机械化发展水平较低，第一产业从业人数占全社会从业人数比例持续下降。

坦桑尼亚对农业机械化较为重视，但整体水平依然较低。2019/2020 年拖拉机保有量约为 10.54 万台，人畜力依然是坦桑尼亚农业生产的主要动力来源。第一产业从业人数占全社会从业人数的比例呈持续下降趋势，2011 年开始下降至 70％以下，但 2019 年仍然高达 65.10％。

（3）坦桑尼亚主要农机产品以进口为主，进口集中度较高。

坦桑尼亚主要农机产品整体上处于明显的贸易逆差状态，主要进口农机产品为拖拉机、植保机械和收获机械。细分产品方面，以 37 至 75 千瓦轮式拖拉机、75 至 130 千瓦轮式拖拉机、130 千瓦以上轮式拖拉机、其他植保机械、联合收割机、脱粒机等为主；进口集中度较高，部分产品进口来源国比较分散，印度是较为重要的进口来源国。

第六章　刚　果　（金）

刚果（金）地处非洲中部，东邻乌干达、卢旺达、布隆迪、坦桑尼亚，南接赞比亚、安哥拉，北连南苏丹和中非共和国，西隔刚果河与刚果（布）相望。刚果（金）人口约为 8 960 万，国土面积约为234.49 万平方公里，可耕地面积约为 1 348 万公顷。

第一节　农业发展情况

一、农业生产概况

刚果（金）是联合国公布的世界最不发达国家之一，农业、采矿业占经济主导地位，加工业不发达，粮食不能自给。农业发展非常落后，个体农民是农业生产的主体，多采用刀耕火种的种植方式。

从农作物的收获面积情况来看（表 6-1），刚果（金）以种植木薯、玉米、水稻、大蕉、花生、干豆、棕榈果、香蕉、牛豌豆和甘薯等为主，且木薯、玉米、水稻和大蕉稳居农作物收获面积前四位，常年收获面积均在百万公顷以上。其中，2020 年刚果（金）木薯收获面积为 503.65 万公顷，位居世界第二，约占世界总收获面积的 17.83%、占非洲总收获面积的 22.42%；玉米收获面积为 273.55 万公顷，约占非洲总收获面积的 6.35%；水稻收获面积为 132.00 万公顷，约占非洲总收获面积的 7.69%；大蕉收获面积为 110.56 万公顷，位居世界第二，约占世界总收获面积的 16.96%、占非洲总收获面积的 20.96%。另外，棕榈果收获面积为32.90 万公顷，位居世界第八，约占世界总收获面积的 1.14%、占非洲总收获面积的 6.03%；香蕉收获面积为 22.61 万公顷，位居世界第五，约占世界总收获面积的 4.34%、占非洲总收获面积的 12.99%。

表 6-1　刚果（金）历年主要农作物收获面积

单位：万公顷

类别	2016 年	2017 年	2018 年	2019 年	2020 年
木薯	436.18	462.98	477.65	491.96	503.65
玉米	271.88	282.88	282.56	276.77	273.55
水稻	138.80	147.46	152.32	158.79	132.00
大蕉	110.81	109.03	109.09	109.70	110.56
花生	49.50	49.50	49.50	49.50	49.50
干豆	45.85	46.39	46.98	47.67	48.52
棕榈果	28.58	28.63	28.90	30.90	32.90
香蕉	18.97	22.33	22.06	22.12	22.61
牛豌豆	15.85	16.00	15.97	15.94	15.97
甘薯	9.83	10.23	10.27	10.85	11.10

数据来源：联合国粮农组织。

从农作物的产量情况来看（表 6-2），刚果（金）基本稳定在前六位的作物是木薯、大蕉、棕榈果、甘蔗、玉米和水稻，木薯产量最高且常年产量在千万吨以上，其余五类作物常年产量也均在百万吨以上。其中，2020 年刚果（金）木薯产量为 4 101.43 万吨，位居世界第二，约占世界总产量的 13.55%、占非洲总产量的 21.18%；大蕉产量为 489.20 万吨，位居世界第二，约占世界总产量的 11.35%、占非洲总产量的 16.35%；棕榈果产量为 214.91 万吨，约占非洲总产量的 9.64%；甘蔗产量为 213.60 万吨，约占非洲总产量的 2.23%；玉米产量为 211.18 万吨，约占非洲总产量的 2.33%；水稻产量为 137.90 万吨，约占非洲总产量的 3.64%。

表6-2 刚果（金）历年主要农作物产量

单位：万吨

类别	2016 年	2017 年	2018 年	2019 年	2020 年
木薯	3 550.00	3 770.00	3 887.30	4 005.01	4 101.43
大蕉	490.00	482.41	483.23	485.65	489.20
棕榈果	188.00	188.00	189.00	202.00	214.91
甘蔗	206.52	216.68	212.29	211.83	213.60
玉米	210.08	218.63	218.61	213.90	211.18
水稻	110.38	121.30	128.69	137.88	137.90

数据来源：联合国粮农组织。

刚果（金）畜牧业主要以养羊、牛和猪为主（表6-3），但存栏量均不高。其中，2020 年末刚果（金）山羊存栏量为 244.14 万只，仅占非洲总存栏量的 0.84%；牛存栏量为 198.13 万头，仅占非洲总存栏量的 0.34%；生猪存栏量为 166.02 万头，约占非洲总存栏量的 2.27%；鸡存栏量为 1 866.80 万只，仅占非洲总存栏量的 0.90%。

表6-3 刚果（金）历年主要畜禽存栏量

单位：万头、万只

类别	2016 年	2017 年	2018 年	2019 年	2020 年
山羊	409.67	410.11	410.50	411.18	244.14
牛	104.49	108.10	114.48	121.19	198.13
生猪	99.17	98.89	99.23	99.56	166.02
绵羊	90.95	91.01	91.12	91.28	40.23
鸡	1 921.40	1 839.50	1 844.30	1 855.80	1 866.80

数据来源：联合国粮农组织。

从主要畜禽产品的产量来看（表6-4），刚果（金）主要产出与羊、牛和猪相关的产品。其中，2020 年刚果（金）野味产量为 8.91 万

吨，位居世界第六，约占世界总产量的 4.57%、占非洲总产量的
7.72%，其余产品产量均非常低。

表 6-4　刚果（金）历年主要畜禽产品产量

单位：万吨

类别	2016 年	2017 年	2018 年	2019 年	2020 年
野味	8.97	8.91	8.91	8.91	8.91
猪肉	2.53	2.59	2.60	2.61	2.56
牛肉	1.82	1.86	1.91	2.04	2.10
山羊肉	1.75	1.79	1.86	1.66	1.70
鸡肉	1.06	1.03	1.03	1.04	1.04

数据来源：联合国粮农组织。

二、农业发展水平

刚果（金）农业增加值的绝对规模不是特别大。从刚果（金）农业
增加值的变化来看（图 6-1），1970 至 2020 年间总体上呈波动上升的
总趋势，且波动幅度特别大，从 2004 年开始增长尤为迅速。总体上由
1970 年的 8.08 亿美元增长到了 2020 年的 95.52 亿美元，也是这期间的
峰值，但依然尚不足百亿美元。

刚果（金）农业增加值占非洲农业增加值的比例非常低且呈波动下
降趋势（图 6-2），整体上由 1970 年的 3.78% 下降到了 2020 年的
2.39%，1993 年达到区间峰值为 9.83%。刚果（金）农业增加值占全
国 GDP 的变化则呈现出先升后降的两阶段发展趋势，总体上由 1970 年
的 16.94% 上升到了 2020 年的 21.08%。第一个阶段是 1970 年至
1995 年，这段时期由最初的 16.94% 波动上升到了 1995 年的 56.54%；
第二个阶段是 1996 年至 2020 年，这段时期显示出了较为明显的波动下
降趋势，波动下降至 2020 年的 21.08%。

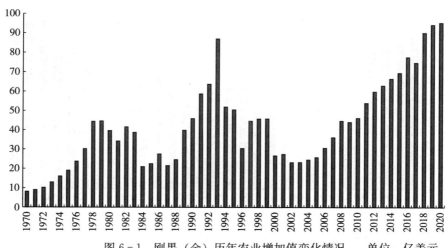

图 6-1 刚果（金）历年农业增加值变化情况 单位：亿美元

数据来源：联合国粮农组织。

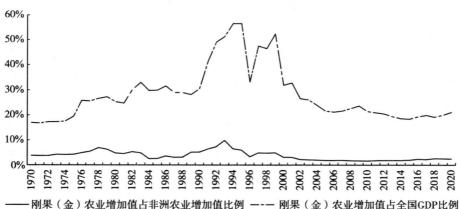

—— 刚果（金）农业增加值占非洲农业增加值比例 --- 刚果（金）农业增加值占全国GDP比例

图 6-2 历年刚果（金）农业增加值占全球农业增加值和全国 GDP 比例情况

数据来源：根据联合国粮农组织数据计算得到。

三、农业经营规模

图 6-3 展示了刚果（金）人均耕地面积变化情况。可以看出，刚果（金）人均耕地面积整体上由 1991 年的 0.69 公顷变化到了 2019 年的 0.74 公顷。

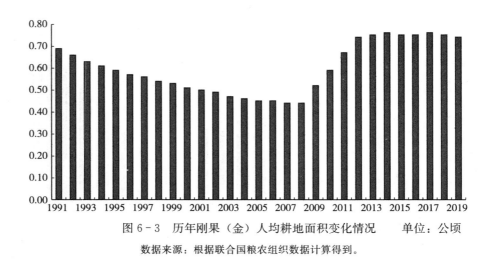

图 6-3 历年刚果（金）人均耕地面积变化情况   单位：公顷

数据来源：根据联合国粮农组织数据计算得到。

第二节 农机化发展分析

刚果（金）农业和农机化发展都非常落后，2000 年时全国拖拉机保有量仅有 2 340 台左右。近年来，一些国际组织如联合国粮农组织、世界食品协会、国际农业发展基金、欧盟、美国国际发展署、比利时发展署等，通过资金或技术援助等方式为刚果（金）政府发展农业提供了支持，对促进农业发展发挥了一定作用。刚果（金）也制定了有关政策举措促进农业和农机化发展，比如鼓励私营资本参与农业开发，制定 7 年（2013—2020）农业投资发展纲要，在全国特色农业区规划了 22 个农工产业园区开发项目，总面积约 100 万公顷。同时，积极改善投资环境，为本国和外国投资者参与农工产业园区开发提供引导和服务。但是，由于基础设施落后、政府资金投入不足等多方面原因，刚果（金）农业和农机化发展整体效果并不明显。

从第一产业从业人数占全社会从业人数的比例变化情况来看（图 6-4），可以发现总体呈持续下降趋势，但是趋势并不明显。1991 年时刚果（金）第一产业从业人数占全社会从业人数的比例就高达

71.80％，2000 年时达到 73.50％的区间峰值，2010 年开始降至 70％以下，2019 年为 64.30％，依然占比非常高。

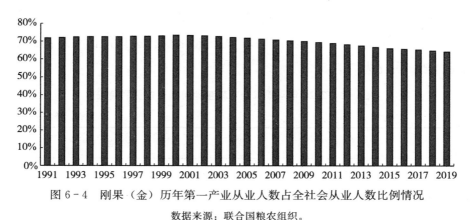

图 6-4　刚果（金）历年第一产业从业人数占全社会从业人数比例情况

数据来源：联合国粮农组织。

第三节　农机贸易情况分析

一、主要农机产品

从进口贸易情况来看（表 6-5），畜禽养殖机械是刚果（金）进口贸易额最高的产品，占 2020 年当年刚果（金）主要农机产品总进口额比重为 38.92％；紧随其后的是耕整地机械和收获机械，占比分别为 31.58％和 28.33％；拖拉机进口极少，占比仅为 1.17％。

表 6-5　2020 年刚果（金）主要农机产品进口贸易情况

单位：千美元

类别	进口额
拖拉机	45.95
耕整地机械	1 239.28
收获机械	1 111.52
畜禽养殖机械	1 527.00
合计	3 923.74

数据来源：根据 UNcomtrade 数据整理得到。

二、耕整地机械

耕整地机械是刚果（金）进口贸易额较高的大类农机产品。从细分产品进口贸易情况来看（表 6-6），占耕整地机械进口额比重最高的是圆盘耙，占比为 56.88%。

表 6-6　2020 年刚果（金）耕整地机械进口贸易情况

单位：千美元

类别	进口额
犁	294.28
圆盘耙	704.94
中耕除草及微耕机	240.06

数据来源：根据 UNcomtrade 数据整理得到。

表 6-7 展示了 2020 年刚果（金）圆盘耙的主要进口来源国分布和进口占比情况。可以看出，圆盘耙的进口来源国相对集中，进口自中国、南非和印度的占比分别为 57.44%、15.00% 和 13.39%。中国是刚果（金）圆盘耙的主要进口来源国。

表 6-7　2020 年刚果（金）圆盘耙主要进口来源国分布和进口占比情况

圆盘耙	占比
中国	57.44%
南非	15.00%
印度	13.39%
法国	7.91%
安哥拉	3.23%
巴基斯坦	0.81%
葡萄牙	0.79%
乌干达	0.49%
巴西	0.42%
阿联酋	0.27%

数据来源：根据 UNcomtrade 数据整理得到。

三、收获机械

收获机械是刚果（金）进口贸易额较高的大类农机产品。从细分产品进口贸易情况来看（表6-8），占收获机械进口额比重最高的是联合收割机，占比高达58.66％，其他收获机械占比也达到了33.20％。

表6-8 2020年刚果（金）收获机械进口贸易情况

单位：千美元

类别	进口额
联合收割机	652.02
脱粒机	88.80
根茎或块茎收获机	1.65
其他收获机械	369.05

数据来源：根据 UNcomtrade 数据整理得到。

表6-9展示了2020年刚果（金）主要收获机械产品主要进口来源国（地区）分布和进口占比情况。可以看出，联合收割机进口只来自中国、美国和南非三个国家，占比分别为41.69％、38.34％和19.97％。其他收获机械进口集中度较高，南非和中国占比分别为65.23％和32.57％。可见，中国、美国和南非是刚果（金）主要收获机械产品最主要的进口来源国。

表6-9 2020年刚果（金）主要收获机械产品主要进口来源国（地区）分布和进口占比情况

联合收割机	占比	其他收获机械	占比
中国	41.69％	南非	65.23％
美国	38.34％	中国	32.57％
南非	19.97％	阿联酋	1.98％
		中国香港	0.11％
		德国	0.10％

数据来源：根据 UNcomtrade 数据整理得到。

四、畜禽养殖机械

畜禽养殖机械是刚果（金）进口贸易额最高的大类农机产品。从细分产品进口贸易情况来看（表 6-10），占畜禽养殖机械进口额比重最高的是动物饲料配制机，占比为 20.01%；其次是打捆机和挤奶机，占比分别为 19.70% 和 18.34%，其他占比相对较低。

表 6-10　2020 年刚果（金）畜禽养殖机械进口贸易情况

单位：千美元

类别	进口额
挤奶机	280.05
动物饲料配制机	305.50
家禽孵卵器及育雏器	188.77
家禽饲养机械	271.39
割草机	18.88
饲草收获机	161.59
打捆机	300.82

数据来源：根据 UNcomtrade 数据整理得到。

表 6-11 展示了 2020 年刚果（金）主要畜禽养殖机械的主要进口来源国分布和各自进口占比情况。可以看出，中国是其挤奶机唯一的进口来源国。动物饲料配制机进口集中度较高，中国、阿联酋和南非占比分别为 41.53%、29.50% 和 10.24%。打捆机进口集中度也非常高，最高的中国占比高达 87.89%。可见，中国是刚果（金）主要畜禽养殖机械产品最主要的进口来源国。

表 6-11　2020 年刚果（金）主要畜禽养殖机械产品主要进口来源国分布和进口占比情况

挤奶机	占比	动物饲料配制机	占比	打捆机	占比
中国	100%	中国	41.53%	中国	87.89%
		阿联酋	29.50%	爱尔兰	11.74%
		南非	10.24%	南非	0.29%
		印度	9.58%	阿联酋	0.07%
		肯尼亚	4.74%		

（续）

挤奶机	占比	动物饲料配制机	占比	打捆机	占比
		比利时	3.70%		
		赞比亚	0.72%		

数据来源：根据 UNcomtrade 数据整理得到。

小 结

（1）刚果（金）是世界上最不发达国家之一，主要以种植木薯、玉米、水稻和大蕉，以及养羊、牛和猪为主；农业生产发展较快，但依然非常落后。

刚果（金）是世界上最不发达国家之一。木薯、玉米、水稻和大蕉是刚果（金）主要种植的农作物。收获面积方面，2020 年木薯和大蕉均位居世界第二，香蕉和棕榈果分别位居世界第五和第八。作物产量方面，木薯和大蕉均位居世界第二。羊、牛和猪为刚果（金）主要养殖的畜禽种类，2020 年野味产量位居世界第六。刚果（金）农业生产发展较快，近年来农业增加值呈波动上升趋势，但尚不足百亿美元，占非洲农业增加值的比例非常低且呈波动下降趋势，占全国 GDP 比例波动变化较大。人均耕地面积呈波动上升趋势。

（2）刚果（金）农业机械化发展非常落后，第一产业从业人数占全社会从业人数比例持续下降但变化不明显。

刚果（金）农业和农机化发展都非常落后，2000 年时全国拖拉机保有量仅有 2 340 台左右。第一产业从业人数占全社会从业人数的比例呈持续下降趋势但变化并不明显，2019 年仍高达 64.30%。

（3）刚果（金）主要农机产品以进口为主，进口集中度较高。

刚果（金）主要农机产品整体上处于绝对的贸易逆差状态，主要进口农机产品为耕整地机械、收获机械和畜禽养殖机械。细分产品方面，以圆盘耙、联合收割机、其他收获机械等为主；进口集中度较高，中国是最为主要的进口来源国。

第七章　南　非

　　南非位于非洲大陆最南端，东濒印度洋，西临大西洋，北邻纳米比亚、博茨瓦纳、津巴布韦、莫桑比克和斯威士兰，另有莱索托为南非领土所包围。南非人口约为 5 962 万，国土面积约为 122 万平方公里，可耕地面积约为 1 200 万公顷。

第一节　农业发展情况

一、农业生产概况

　　南非属于中等收入的发展中国家，也是非洲经济最发达的国家，自然资源十分丰富，矿业、制造业、农业和服务业均较发达，是经济四大支柱。作为非洲的农业大国，南非的农业基础设施、农业生产技术和农业机械化水平都领先于其他非洲国家，农副产品商品率居非洲前列。南非农业具有鲜明的二元结构，存在着两种农业生产模式：一种是少数白人农场主经营的高度商品化农业，一种是广大黑人经营的仅能维持生计的传统农业。

　　从农作物的收获面积情况来看（表 7 - 1），南非以种植玉米、大豆、小麦、向日葵、甘蔗、大麦、葡萄、油菜、马铃薯和干豆等为主，但收获面积均不大，只有玉米常年收获面积稳定在百万公顷以上。其中，2020 年南非玉米收获面积为 261.08 万公顷，仅占非洲总收获面积的 6.06%；大豆收获面积为 70.50 万公顷，约占非洲总收获面积的 27.64%；向日葵收获面积为 50.03 万公顷，约占非洲总收获面积的

22.24%；葡萄收获面积为 11.71 万公顷，约占非洲总收获面积的
34.32%；油菜收获面积为 7.41 万公顷，约占非洲总收获面积的 73.52%。

表 7-1 南非历年主要农作物收获面积

单位：万公顷

类别	2016 年	2017 年	2018 年	2019 年	2020 年
玉米	194.68	262.86	231.88	230.05	261.08
大豆	50.28	57.40	78.72	73.05	70.50
小麦	50.84	49.16	50.33	54.00	50.98
向日葵	71.85	63.58	60.15	51.54	50.03
甘蔗	24.99	25.39	27.52	29.58	28.26
大麦	8.87	9.14	11.90	13.20	14.17
葡萄	12.05	11.92	11.14	10.92	11.71
油菜	6.81	8.40	7.70	7.40	7.41
马铃薯	5.97	6.72	6.71	6.76	6.82
干豆	3.44	4.51	5.34	5.93	5.01

数据来源：联合国粮农组织。

从农作物的产量情况来看（表 7-2），南非基本稳定在前十位的作物是甘蔗、玉米、马铃薯、小麦、葡萄、橙子、大豆、苹果、向日葵和洋葱，甘蔗和玉米常年产量稳定在前两位。其中，2020 年南非甘蔗产量为 1 822.00 万吨，约占非洲总产量的 19.05%；玉米产量为 1 530.00 万吨，位居世界第九，约占世界总产量的 1.32%、占非洲总产量的 16.90%；马铃薯产量为 254.70 万吨，约占非洲总产量的 9.71%；小麦产量为 210.91 万吨，约占非洲总产量的 8.36%；葡萄产量为 202.82 万吨，位居世界第十，约占世界总产量的 2.60%、占非洲总产量的 42.20%；橙子产量为 155.51 万吨，约占非洲总产量的 15.94%；大豆产量为 124.55 万吨，约占非洲总产量的 36.22%；苹果产量为 99.30 万吨，约占非洲总产量的 30.81%；向日葵产量为 78.85 万吨，约占非洲总产量的 31.90%；洋葱产量为 73.58 万吨，约占非洲总产量的 5.22%。

表7-2 南非历年主要农作物产量

单位：万吨

类别	2016 年	2017 年	2018 年	2019 年	2020 年
甘蔗	1 507.46	1 738.82	1 930.17	1 924.20	1 822.00
玉米	777.85	1 682.00	1 251.00	1 127.55	1 530.00
马铃薯	215.08	245.70	246.77	250.58	254.70
小麦	191.00	153.50	186.80	153.50	210.91
葡萄	196.63	203.26	190.17	188.33	202.82
橙子	136.60	145.98	177.58	168.65	155.51
大豆	74.20	131.60	154.00	117.03	124.55
苹果	91.61	92.90	82.96	89.20	99.30
向日葵	75.50	87.40	86.20	67.80	78.85
洋葱	68.56	71.62	72.68	70.72	73.58

数据来源：联合国粮农组织。

南非畜牧业主要以养羊、牛和鸡（表7-3）为主。其中，2020 年末南非绵羊存栏量为 2 160.47 万只，约占非洲总存栏量的 5.16%；牛存栏量为 1 229.76 万头，约占非洲总存栏量的 3.32%；山羊存栏量为 517.01 万只，仅占非洲总存栏量的 1.06%；生猪存栏量为 135.69 万头，约占非洲总存栏量的 3.08%；鸡存栏量为 1.79 亿只，约占非洲总存栏量的 8.63%。

表7-3 南非历年主要畜禽存栏量

单位：万头、万只

类别	2016 年	2017 年	2018 年	2019 年	2020 年
绵羊	2 328.72	2 268.89	2 250.01	2 208.52	2 160.47
牛	1 340.03	1 295.34	1 278.95	1 258.86	1 229.76
山羊	561.85	547.48	540.46	525.10	517.01
生猪	151.25	148.08	145.36	138.97	135.69
鸡	16 387.00	17 863.40	17 607.80	17 754.80	17 901.70

数据来源：联合国粮农组织。

从主要畜禽产品的产量来看（表7-4），主要是与羊、牛和鸡相关的产品。其中，2020 年南非牛奶产量为 382.15 万吨，约占非洲总产量的 9.68%；鸡肉产量为 187.32 万吨，约占非洲总产量的 29.37%；牛肉产量为 103.87 万吨，约占非洲总产量的 17.41%；鸡蛋产量为 59.35 万吨，约占非洲总产量的 16.72%；猪肉产量为 30.20 万吨，约占非洲总产量的 18.90%；绵羊肉产量为 16.50 万吨，约占非洲总产量的 8.35%。

表 7-4　南非历年主要畜禽产品产量

单位：万吨

类别	2016 年	2017 年	2018 年	2019 年	2020 年
牛奶	354.88	364.28	375.26	387.35	382.15
鸡肉	167.78	165.82	174.33	180.82	187.32
牛肉	108.97	101.41	100.32	103.68	103.87
鸡蛋	47.79	44.51	47.56	56.47	59.35
猪肉	24.02	23.53	26.55	27.98	30.20
绵羊肉	16.94	15.58	16.23	17.42	16.50

数据来源：联合国粮农组织。

二、农业发展水平

南非农业增加值规模相对不高。从南非农业增加值的变化来看（图 7-1），1970 至 2020 年间总体上呈波动上升趋势，且增长幅度非常大。总体上由 1970 年的 12.30 亿美元增长到了 2020 年的 72.66 亿美元。其中，2011 年达到 95.17 亿美元的区间峰值，但依然尚不足百亿美元。

南非农业增加值占非洲农业增加值的比例呈波动下降趋势（图 7-2），总体上由 1970 年的 5.76% 下降到了 2020 年的 1.82%。南非农业增加值占全国 GDP 的比例也呈波动下降趋势且均不超过 10%，整体上由 1970 年的 6.60% 下降到了 2020 年的 2.40%，一定程度上反映了较高的农业发展水平。

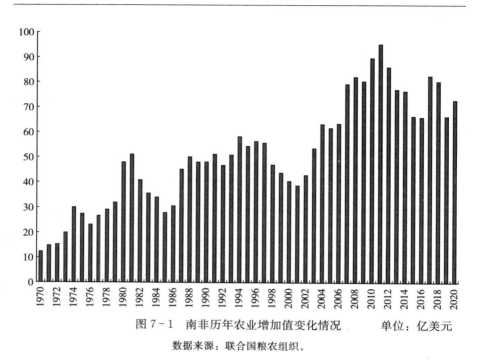

图 7-1 南非历年农业增加值变化情况 单位：亿美元

数据来源：联合国粮农组织。

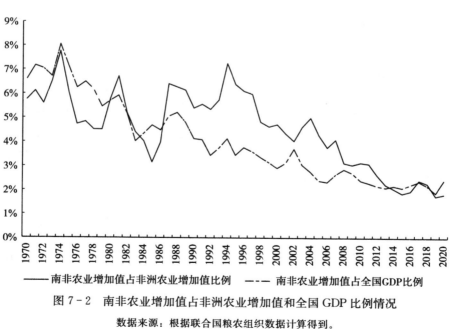

——南非农业增加值占非洲农业增加值比例 ——— 南非农业增加值占全国GDP比例

图 7-2 南非农业增加值占非洲农业增加值和全国 GDP 比例情况

数据来源：根据联合国粮农组织数据计算得到。

三、农业经营规模

图 7-3 展示了南非人均耕地面积变化情况。可以看出，1991 年以来南非人均耕地面积基本稳定，整体上由 1991 年的 12.36 公顷变化到了 2019 年的 13.61 公顷。

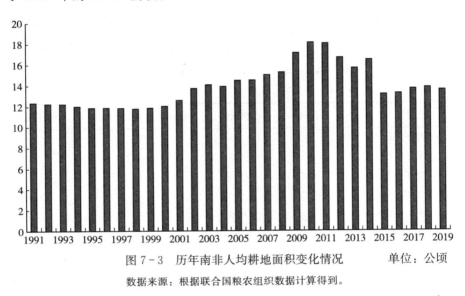

图 7-3　历年南非人均耕地面积变化情况　　　单位：公顷

数据来源：根据联合国粮农组织数据计算得到。

表 7-5 展示了南非农业主体发展和经营情况。可以看出，南非的农场数量变化不大，总数在 4 万个左右。另外，经营畜禽产品的收入最高，2007 年和 2017 年收入占比分别达到了 54.83％和 52.15％。

表 7-5　南非农业主体发展和经营情况

类别	2007 年	2017 年
农场数（个）	40 079	40 122
大田作物收入（千兰特）	16 416 339	69 029 423
园艺产品收入（千兰特）	18 947 419	70 534 221
畜禽产品收入（千兰特）	43 512 664	153 763 655
其他农业收入（千兰特）	442 426	1 507 002

数据来源：南非 2007 年和 2017 年农业普查。

第二节　农机化发展分析

南非是非洲农业机械化发展水平最高的国家。表 7 - 6 展示了 2017 年南非主要农业机械的保有量情况。可以看出，南非 2017 年拖拉机保有量约为 7.47 万台，收获机械保有量约为 1.24 万台，挤奶机和乳制品机械保有量约为 0.47 万台，烘干机保有量约为 0.89 万台。

表 7 - 6　南非 2017 年主要农业机械保有量情况

单位：台

区域	拖拉机	收获机械	挤奶机和乳制品机械	烘干机
西开普省	16 561	2 746	595	3 084
东开普省	7 058	628	879	39
北开普省	5 089	686	10	248
自由省	13 225	2 630	504	2 926
夸祖鲁—纳塔尔省	7 105	790	2 265	1 006
西北省	8 256	2 119	177	274
豪登省	2 222	592	137	153
普马兰加省	8 048	1 194	137	536
林波波省	7 098	992	18	663

数据来源：南非 2017 年农业普查。

从第一产业从业人数占全社会从业人数的比例变化情况来看（图 7 - 4），可以发现总体呈波动下降趋势。1991 年时南非第一产业从

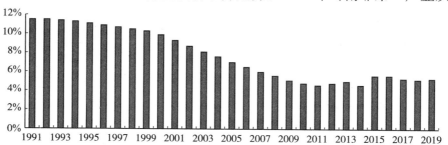

图 7 - 4　南非历年第一产业从业人数占全社会从业人数比例情况

数据来源：联合国粮农组织。

业人数占全社会从业人数的比例就仅为 11.50%，2000 年开始均未超过 10%，2019 年为 5.30%，一定程度上反映出南非具有较高的农业机械化发展水平。

第三节　农机市场与贸易分析

一、国内农机市场

南非农机市场长期被世界知名跨国农机公司垄断，市场上销售的农机主要依靠进口。2006 年，南非农机市场规模大约价值 1.71 亿美元，其中拖拉机占 60% 左右的市场份额，其次是联合收割机和打捆机。表 7-7 展示了 2018 年至 2021 年南非主要农业机械的市场销售情况。可以看出，拖拉机、联合收割机和打捆机依然是南非农机市场上的主要销售产品。

表 7-7　南非主要农业机械市场销售情况

单位：台

年度	拖拉机	联合收割机	圆形打捆机	方形打捆机	自走式植保机械
2018	6 997	198	162	113	96
2019	5 504	148	129	97	84
2020	6 042	187	109	76	85
2021	7 868	270	163	108	144

数据来源：南非农机协会。

二、主要农机产品贸易

从进出口贸易情况来看（表 7-8），2020 年南非主要农机产品整体上处于贸易逆差状态。其中，只有植保机械处于贸易顺差状态，其他均处于贸易逆差状态。从出口产品结构来看，植保机械是南非出口贸易额最高的产品，占 2020 年当年南非主要农机产品总出口额比重高达 37.64%；其次为拖拉机，占比为 27.20%，畜禽养殖机械占比也达到了 18.86％。从进口产品贸易结构来看，拖拉机是南非进口贸易额最高的产品，占 2020 年当年南非主要农机产品总进口额比重为 53.65％；其次是收获机械，占比为 16.65％；耕整地机械、种植机械、植保机械和畜禽养殖机械占比分别为 2.86％、3.72％、10.52％和 12.60％。

表 7-8 2020 年南非主要农机产品进出口贸易情况

单位：千美元

类别	出口额	进口额
拖拉机	31 484.82	185 627.45
耕整地机械	3 453.48	9 894.54
种植机械	9 773.88	12 872.69
植保机械	43 570.93	36 404.32
收获机械	5 637.09	57 611.35
畜禽养殖机械	21 825.15	43 588.08
合计	115 745.34	345 998.44

数据来源：根据 UNcomtrade 数据整理得到。

三、拖拉机

拖拉机是南非进出口贸易总额最高的大类农机产品。从拖拉机细分产品进出口贸易情况来看（表 7-9），仅有单轴拖拉机处于明显的贸易顺差状态，其余产品均处于贸易逆差状态。从国际市场占有率来看，单轴拖拉机市场占有率最高，达到了 4.17％，位居世界第六，其余产品国际市场占有率均不足 1％。从出口产品结构来看，占拖拉机出口额比重较高的为单轴拖拉机、130 千瓦以上轮式拖拉机、75 至 130 千瓦轮式拖拉机、37 至 75 千瓦轮式拖拉机，占比分别为 29.53％、22.85％、19.59％和 15.35％；占比最低的为 18 至 37 千瓦轮式拖拉机，仅为 0.93％。从进口产品结构来看，占拖拉机进口额比重较高的为 130 千瓦以上轮式拖拉机、75 至 130 千瓦轮式拖拉机、37 至 75 千瓦轮式拖拉机，占比分别为 39.12％、29.23％、27.68％；占比最低的是单轴拖拉机，仅为 0.13％。

表 7-9　2020 年南非拖拉机进出口贸易情况

单位：千美元

类别	出口额	进口额
单轴拖拉机	9 297.49	249.32
履带式拖拉机	2 844.47	3 474.52
18 千瓦及以下轮式拖拉机	855.06	922.97
18 至 37 千瓦（含）轮式拖拉机	293.76	2 729.38
37 至 75 千瓦（含）轮式拖拉机	4 832.27	51 379.06
75 至 130 千瓦（含）轮式拖拉机	6 167.17	54 252.55
130 千瓦以上轮式拖拉机	7 194.59	72 619.66

数据来源：根据 UNcomtrade 数据整理得到。

表 7-10 展示了 2020 年南非主要拖拉机产品的主要出口目标国分布和各自出口占比情况。可以看出，单轴拖拉机出口集中度较高，仅津巴布韦就占到了 44.23%，津巴布韦、博茨瓦纳、纳米比亚和赞比亚四个国家合计占到了 87.89%，排名前十的国家合计占比为 97.73%。37 至 75 千瓦轮式拖拉机出口地域分布方面，津巴布韦、纳米比亚、博茨瓦纳和斯威士兰四个国家合计占比达到 76.60%，排名前十的国家合计占比达 94.20%。75 至 130 千瓦轮式拖拉机出口集中度更高，津巴布韦和苏丹两个国家合计占比就达到了 62.37%，排名前十的国家合计占比为 93.18%。130 千瓦以上轮式拖拉机出口集中度相对不高，津巴布韦、赞比亚、坦桑尼亚和博茨瓦纳四个国家合计占比为 76.34%，排名前十的国家合计占比达到 97.97%。综合来看，津巴布韦和博茨瓦纳等是南非主要拖拉机产品出口的主力市场。

表 7-10　2020 年南非主要拖拉机产品主要出口目标国分布和出口占比情况

单轴拖拉机	占比	37 至 75 千瓦轮式拖拉机	占比	75 至 130 千瓦轮式拖拉机	占比	130 千瓦以上轮式拖拉机	占比
津巴布韦	44.23%	津巴布韦	26.66%	津巴布韦	50.42%	津巴布韦	28.94%
博茨瓦纳	19.91%	纳米比亚	19.75%	苏丹	11.95%	赞比亚	22.13%
纳米比亚	12.69%	博茨瓦纳	17.43%	莫桑比克	8.04%	坦桑尼亚	13.91%

（续）

单轴拖拉机	占比	37 至 75 千瓦轮式拖拉机	占比	75 至 130 千瓦轮式拖拉机	占比	130 千瓦以上轮式拖拉机	占比
赞比亚	11.06%	斯威士兰	12.76%	博茨瓦纳	5.45%	博茨瓦纳	11.36%
哥伦比亚	3.30%	莫桑比克	6.94%	刚果（布）	4.04%	刚果（金）	6.61%
莱索托	2.56%	约旦	3.21%	纳米比亚	3.93%	纳米比亚	4.38%
莫桑比克	1.24%	马拉维	2.72%	坦桑尼亚	3.52%	肯尼亚	3.05%
乌干达	1.04%	莱索托	2.05%	赞比亚	2.16%	斯威士兰	2.88%
斯威士兰	0.98%	赞比亚	1.44%	莱索托	2.06%	莫桑比克	2.43%
马拉维	0.72%	坦桑尼亚	1.22%	喀麦隆	1.62%	安哥拉	2.28%

数据来源：根据 UNcomtrade 数据整理得到。

表 7-11 展示了 2020 年南非主要拖拉机产品的主要进口来源国分布和进口占比情况。可以看出，37 至 75 千瓦轮式拖拉机进口来源国相对集中，印度、意大利、墨西哥和土耳其四个国家合计占比达到了 86.00%，排名前十的国家总共占比为 99.47%。75 至 130 千瓦轮式拖拉机进口地域分布方面，进口自德国的占比为 44.06%，排名前三的国家合计占比为 77.32%，排名前十的国家总共占比为 99.29%。130 千瓦以上轮式拖拉机进口集中度也较高，美国和意大利两个国家合计占比达到了 75.75%，排名前十的国家总共占比为 99.71%。综合来看，南非主要拖拉机产品的进口来源国相对分散。

表 7-11　2020 年南非主要拖拉机产品主要进口来源国分布和进口占比情况

37 至 75 千瓦轮式拖拉机	占比	75 至 130 千瓦轮式拖拉机	占比	130 千瓦以上轮式拖拉机	占比
印度	33.17%	德国	44.06%	美国	54.33%
意大利	19.61%	中国	19.24%	意大利	21.42%
墨西哥	17.64%	英国	14.02%	印度	5.89%
土耳其	15.58%	意大利	9.52%	英国	5.77%
中国	8.93%	土耳其	4.03%	德国	5.69%
日本	1.46%	印度	2.47%	法国	5.03%
法国	1.16%	巴西	2.05%	芬兰	0.74%

（续）

37 至 75 千瓦轮式拖拉机	占比	75 至 130 千瓦轮式拖拉机	占比	130 千瓦以上轮式拖拉机	占比
巴基斯坦	1.08%	芬兰	1.57%	加拿大	0.63%
巴西	0.56%	墨西哥	1.29%	瑞典	0.20%
德国	0.27%	法国	1.04%	博茨瓦纳	0.00%

数据来源：根据 UNcomtrade 数据整理得到。

四、植保机械

植保机械是南非进出口贸易总额较高的大类农机产品。从细分产品进出口贸易情况来看（表 7-12），其他植保机械处于贸易顺差状态，便携式农用喷雾器和其他农用喷雾器处于贸易逆差状态。从出口产品结构来看，占植保机械出口额比重较高的是其他植保机械和其他农用喷雾器，占比分别为 83.39% 和 14.85%。从进口产品结构来看，占植保机械进口额比重较高的是其他农用喷雾器和其他植保机械，占比分别为 47.26% 和 36.21%。

表 7-12 2020 年南非植保机械进出口贸易情况

单位：千美元

类别	出口额	进口额
便携式农用喷雾器	767.72	6 019.73
其他农用喷雾器	6 468.42	17 204.06
其他植保机械	36 334.79	13 180.53

数据来源：根据 UNcomtrade 数据整理得到。

表 7-13 展示了 2020 年南非主要植保机械产品的主要出口目标国分布和各自出口占比情况。可以看出，其他农用喷雾器出口集中度相对不是太高，最高的安哥拉占到了 37.33%，紧随其后的津巴布韦占比为 20.09%，排名前十的国家合计占比为 92.57%。其他植保机械出口地域分布方面，最高的津巴布韦占比为 58.89%，排名前十的国家合计占比为 93.87%。可见，津巴布韦是南非主要植保机械产品出口的重要

市场。

表 7 - 13　2020 年南非主要植保机械产品主要出口目标国分布和出口占比情况

其他农用喷雾器	占比	其他植保机械	占比
安哥拉	37.33%	津巴布韦	58.89%
津巴布韦	20.09%	赞比亚	13.21%
博茨瓦纳	9.07%	莫桑比克	6.87%
纳米比亚	8.90%	尼日利亚	6.32%
马绍尔群岛	4.51%	纳米比亚	1.81%
莫桑比克	3.71%	安哥拉	1.72%
斯威士兰	3.67%	马绍尔群岛	1.45%
赞比亚	2.11%	博茨瓦纳	1.22%
尼日利亚	1.95%	肯尼亚	1.20%
刚果（金）	1.23%	马拉维	1.18%

数据来源：根据 UNcomtrade 数据整理得到。

表 7 - 14 展示了 2020 年南非主要植保机械产品的主要进口来源国分布和进口占比情况。可以看出，其他农用喷雾器进口来源国相对集中，最高的巴西占比为 43.44%，紧随其后的美国和意大利占比也分别达到了 25.45% 和 14.37%，排名前十的国家总共占比为 98.53%。其他植保机械进口集中度相对不高，进口自中国的占比为 27.36%，紧随其后的美国和巴西占比分别为 15.26% 和 10.66%，排名前十的国家合计占比为 91.03%。可见，巴西、美国和中国是南非主要植保机械产品最为重要的进口来源国。

表 7 - 14　2020 年南非主要植保机械产品主要进口来源国分布和进口占比情况

其他农用喷雾器	占比	其他植保机械	占比
巴西	43.44%	中国	27.36%
美国	25.45%	美国	15.26%
意大利	14.37%	巴西	10.66%
中国	6.22%	西班牙	9.44%
西班牙	3.39%	意大利	8.98%

（续）

其他农用喷雾器	占比	其他植保机械	占比
土耳其	1.91%	墨西哥	6.69%
德国	1.15%	德国	4.87%
奥地利	1.01%	以色列	3.24%
法国	0.82%	荷兰	2.62%
荷兰	0.77%	土耳其	1.92%

数据来源：根据 UNcomtrade 数据整理得到。

五、收获机械

收获机械是南非进出口总额较高的大类农机产品。从细分产品进出口贸易情况来看（表 7-15），所有产品均处于贸易逆差状态。从出口产品结构来看，占收获机械出口额比重较高的为其他收割机和联合收割机，占比分别为 44.46% 和 40.15%。从进口产品结构来看，占收获机械进口额比重较高的为联合收割机和其他收获机械，占比分别为 67.18% 和 25.00%。

表 7-15 2020 年南非收获机械进出口贸易情况

单位：千美元

类别	出口额	进口额
联合收割机	2 263.14	38 701.51
脱粒机	283.08	1 124.29
根茎或块茎收获机	584.67	3 383.42
其他收获机械	2 506.19	14 402.13

数据来源：根据 UNcomtrade 数据整理得到。

表 7-16 展示了 2020 年南非主要收获机械的主要出口目标国分布和各自出口占比情况。可以看出，联合收割机出口集中度相对较高，排名较高的赞比亚、津巴布韦和刚果（金）占比分别为 35.87%、29.14% 和 11.94%，排名前十的国家合计占比为 99.95%。其他收获机械出口集中度则相对不高，排名最高的刚果（金）仅占到了 19.66%，

但排名前十的国家合计占比达到 97.34%。

表 7-16　2020 年南非主要收获机械产品主要出口目标国分布和出口占比情况

联合收割机	占比	其他收获机械	占比
赞比亚	35.87%	刚果（金）	19.66%
津巴布韦	29.14%	莫桑比克	19.53%
刚果（金）	11.94%	博茨瓦纳	16.11%
美国	7.23%	纳米比亚	12.89%
博茨瓦纳	5.95%	津巴布韦	10.65%
斯威士兰	4.18%	安哥拉	5.62%
莫桑比克	2.68%	赞比亚	4.67%
纳米比亚	1.65%	西班牙	4.65%
安哥拉	1.08%	斯威士兰	1.81%
肯尼亚	0.22%	马拉维	1.77%

数据来源：根据 UNcomtrade 数据整理得到。

表 7-17 展示了 2020 年南非主要收获机械的主要进口来源国分布和各自进口占比情况。可以看出，联合收割机进口集中度相对较高，德国和美国占比分别为 59.80% 和 32.01%，两国合计占比高达 91.81%。其他收获机械进口集中度相对不高，德国、法国和美国占比分别为 33.30%、21.66% 和 19.48%，排名前十的国家合计占比为 95.22%。可见，德国和美国是南非主要收获机械最为重要的进口来源国。

表 7-17　2020 年南非主要收获机械产品主要进口来源国分布和进口占比情况

联合收割机	占比	其他收获机械	占比
德国	59.80%	德国	33.30%
美国	32.01%	法国	21.66%
比利时	1.25%	美国	19.48%
中国	1.20%	巴西	5.77%
意大利	1.15%	意大利	3.68%
荷兰	0.82%	芬兰	3.52%
法国	0.78%	英国	3.03%

（续）

联合收割机	占比	其他收获机械	占比
波兰	0.71%	瑞典	2.25%
奥地利	0.66%	加拿大	1.34%
巴拉圭	0.47%	澳大利亚	1.20%

数据来源：根据 UNcomtrade 数据整理得到。

六、畜禽养殖机械

畜禽养殖机械也是南非进出口总额较高的大类农机产品。从细分产品进出口贸易情况来看（表 7-18），只有家禽饲养机械处于贸易顺差状态，其他均处于贸易逆差状态。从出口产品结构来看，占畜禽养殖机械出口额比重较高的是家禽饲养机械，占比高达 88.77%。从进口产品结构来看，占畜禽养殖机械进口额比重较高的是打捆机和割草机，占比分别为 42.25% 和 16.28%。

表 7-18 2020 年南非畜禽养殖机械进出口贸易情况

单位：千美元

类别	出口额	进口额
挤奶机	322.01	2 012.48
动物饲料配制机	0	6 057.75
家禽孵卵器及育雏器	320.72	730.94
家禽饲养机械	19 373.58	6 529.49
割草机	606.33	7 096.69
饲草收获机	304.32	2 743.18
打捆机	898.19	18 417.56

数据来源：根据 UNcomtrade 数据整理得到。

表 7-19 展示了 2020 年南非家禽饲养机械的主要出口目标国分布和各自出口占比情况。可以看出，南非家禽饲养机械出口集中度较低，最高的中国占到了 26.97%，排名前十的国家合计占比为 78.15%。

表 7 - 19　2020 年南非家禽饲养机械主要出口目标国分布和出口占比情况

家禽饲养机械	占比
中国	26.97%
马来西亚	12.91%
荷兰	12.64%
美国	4.96%
意大利	4.44%
德国	4.13%
加蓬	3.91%
泰国	3.62%
博茨瓦纳	2.75%
斯威士兰	1.82%

数据来源：根据 UNcomtrade 数据整理得到。

表 7 - 20 展示了 2020 年南非主要畜禽养殖机械产品的主要进口来源国分布和进口占比情况。可以看出，割草机进口来源国较为集中，最高的德国占比达 40.91%，排名前十的国家总共占比为 93.79%。打捆机进口地域分布方面，进口自德国的占比就高达 40.95%，紧随其后的法国为 13.47%，排名前十的国家合计占比为 95.92%。可见，德国、法国和美国是南非主要畜禽养殖机械产品重要的进口来源国。

表 7 - 20　2020 年南非主要畜禽养殖机械产品主要进口来源国分布和进口占比情况

割草机	占比	打捆机	占比
德国	40.91%	德国	40.95%
美国	12.04%	法国	13.47%
法国	10.40%	美国	9.57%
巴西	8.51%	匈牙利	8.78%
意大利	5.64%	中国	6.20%
奥地利	5.13%	意大利	5.26%
土耳其	4.75%	波兰	3.66%
匈牙利	2.49%	比利时	3.51%
丹麦	2.31%	英国	2.45%
英国	1.61%	荷兰	2.06%

数据来源：根据 UNcomtrade 数据整理得到。

小 结

（1）南非是非洲经济最发达的国家，主要以种植玉米、大豆、小麦、甘蔗和马铃薯，以及养羊、牛和鸡为主；农业生产发展和人均耕地面积均较为稳定。

南非是非洲经济最发达的国家。玉米、大豆、小麦、甘蔗和马铃薯是南非主要种植的农作物，但收获面积均不大，只有玉米常年收获面积稳定在百万公顷以上，2020年玉米和葡萄产量分别位居世界第九和第十。羊、牛和鸡为南非主要养殖的畜禽种类。南非农业生产规模相对不高，近年来农业增加值呈波动上升趋势，占非洲农业增加值的比例呈波动下降趋势，占全国 GDP 比例波动下降到16%左右。人均耕地面积在13公顷左右。

（2）南非农业机械化发展水平相对较高，农机市场规模不大，第一产业从业人数占全社会从业人数比例波动下降。

南非是非洲农业机械化发展水平最高的国家，2017年拖拉机保有量约为7.47万台。南非农机市场长期被世界知名跨国农机公司垄断，拖拉机、联合收割机和打捆机是主要销售产品。第一产业从业人数占全社会从业人数的比例呈持续下降趋势，2000年开始均未超过10%，2019年为5.30%。

（3）南非是非洲农机贸易大国，主要农机产品的进出口集中度均较高。

南非主要农机产品整体上处于贸易逆差状态。南非主要进出口农机产品为拖拉机、植保机械、收获机械和畜禽养殖机械。出口方面，细分产品以单轴拖拉机、37至75千瓦轮式拖拉机、75至130千瓦轮式拖拉机、130千瓦以上轮式拖拉机、其他农用喷雾器、其他植保机械、联合收割机、其他收获机械、家禽饲养机械等为主；出口集中度一般较高，部分产品出口目标国相对分散；津巴布韦和博茨瓦纳是主要细分产品出口的主力市场。进口方面，以 37 至 75 千瓦轮式拖拉机、75 至 130 千瓦轮式拖拉机、130 千瓦以上轮式拖拉机、其他农用喷雾器、其他植保机械、联合收割机、其他收获机械、割草机、打捆机等为主；进口集中度较高，但多数产品进口来源国相对而言比较分散，德国是相对重要的来源国。

第八章　摩　洛　哥

　　摩洛哥位于非洲西北端。东、东南接阿尔及利亚，南部为西撒哈拉，西濒大西洋，北隔直布罗陀海峡与西班牙相望。摩洛哥人口约为3 621万，国土面积约为45.9万平方公里，可耕地面积约为765万公顷。

第一节　农业发展情况

一、农业生产概况

　　摩洛哥经济总量在非洲排名第五、北非排名第三，农业有一定基础但粮食不能自给。2008年推出"绿色摩洛哥"计划，以提高农业生产技术。2020年粮食产量达到324万吨。摩洛哥畜牧业较发达，渔业资源丰富，是非洲最大的渔业产品生产国和世界第一大沙丁鱼出口国。

　　从农作物的收获面积情况来看（表8-1），摩洛哥以种植小麦、大麦、油橄榄、杏仁、蚕豆、羽扇豆、玉米、柑橘、无花果和海枣等为主，且小麦、大麦和油橄榄稳居摩洛哥农作物收获面积前三位，常年收获面积均在百万公顷以上。其中，2020年摩洛哥小麦收获面积为284.53万公顷，约占非洲总收获面积的28.55%；大麦收获面积为149.52万公顷，约占非洲总收获面积的34.75%；油橄榄收获面积为106.89万公顷，位居世界第四，约占世界总收获面积的8.37%、占非洲总收获面积的19.47%；杏仁收获面积为20.92万公顷，位居世界第三，约占世界总收获面积的9.68%、占非洲总收获面积的43.36%；蚕豆收获面积为10.74万公顷，位居世界第五，约占世界总收获面积的

4.02%、占非洲总收获面积的 14.09%；羽扇豆收获面积为 8.49 万公顷，位居世界第三，约占世界总收获面积的 9.56%、占非洲总收获面积的 89.59%；柑橘收获面积为 6.92 万公顷，位居世界第三，约占世界总收获面积的 2.27%、占非洲总收获面积的 39.34%；无花果收获面积为 6.31 万公顷，位居世界第一，约占世界总收获面积的 22.42%、占非洲总收获面积的 43.01%；海枣收获面积为 6.13 万公顷，位居世界第七，约占世界总收获面积的 4.96%、占非洲总收获面积的 13.52%。

表 8-1　摩洛哥历年主要农作物收获面积

单位：万公顷

类别	2016 年	2017 年	2018 年	2019 年	2020 年
小麦	241.36	338.42	284.27	250.60	284.53
大麦	120.76	200.15	156.45	105.02	149.52
油橄榄	100.84	102.06	104.52	107.35	106.89
杏仁	16.58	17.09	18.63	19.06	20.92
蚕豆	8.28	13.14	13.70	12.59	10.74
羽扇豆	8.37	8.49	8.53	8.46	8.49
玉米	13.88	13.07	14.82	6.33	7.11
柑橘	6.22	6.38	6.41	6.50	6.92
无花果	5.83	6.05	6.15	6.30	6.31
海枣	5.81	5.83	5.91	5.96	6.13

数据来源：联合国粮农组织。

从农作物的产量情况来看（表 8-2），摩洛哥基本稳定在前十位的作物是甜菜、小麦、马铃薯、油橄榄、西红柿、橘子、洋葱、橙子、甘蔗和苹果，且甜菜和小麦历年总产量稳居前两位。其中，2020 年摩洛哥甜菜产量为 363.16 万吨，约占非洲总产量的 21.66%；小麦产量为 256.19 万吨，约占非洲总产量的 10.15%；马铃薯产量为 170.71 万吨，约占非洲总产量的 6.51%；油橄榄产量为 140.93 万吨，位居世界第四，约占世界总产量的 6.76%、占非洲总产量的 25.19%；西红柿产量为 139.88 万吨，约占非洲总产量的 6.29%；橘子产量为 92.66 万吨，位居世界第六，约占世界总产量的 2.40%、占非洲总产量的 33.86%。

表 8-2　摩洛哥历年主要农作物产量

单位：万吨

类别	2016 年	2017 年	2018 年	2019 年	2020 年
甜菜	421.89	374.14	371.05	369.29	363.16
小麦	273.11	709.08	732.06	402.53	256.19
马铃薯	174.36	192.49	186.91	195.67	170.71
油橄榄	141.61	103.91	156.15	191.22	140.93
西红柿	123.12	129.38	140.94	134.71	139.88
橘子	421.89	103.72	120.88	137.46	92.66
洋葱	68.56	75.41	95.48	88.04	82.89
橙子	107.76	103.72	101.92	118.25	80.63
甘蔗	42.65	55.31	61.61	51.90	79.25
苹果	40.64	82.05	69.70	80.98	77.89

数据来源：联合国粮农组织。

　　摩洛哥畜牧业主要以养羊、牛和鸡为主（表 8-3）。其中，2020 年末摩洛哥绵羊存栏量为 2 208.88 万只，约占非洲总存栏量的 5.28%；山羊存栏量为 596.06 万只，约占非洲总存栏量的 1.22%；牛存栏量为 316.69 万头，仅占非洲总存栏量的 0.85%；驴存栏量为 92.50 万头，约占非洲总存栏量的 2.79%；骡子存栏量为 38.70 万头，位居世界第四，约占世界总存栏量的 4.89%、占非洲总存栏量的 41.83%；鸡存栏量为 2.08 亿只，约占非洲总存栏量的 10.02%。

表 8-3　摩洛哥历年主要畜禽存栏量

单位：万头、万只

类别	2016 年	2017 年	2018 年	2019 年	2020 年
绵羊	1 987.00	1 986.30	1 988.00	2 159.10	2 208.88
山羊	560.00	520.50	573.10	599.30	596.06
牛	330.00	336.40	344.10	332.80	316.69
驴	93.20	93.00	93.40	92.70	92.50

（续）

类别	2016 年	2017 年	2018 年	2019 年	2020 年
骡子	38.50	39.20	39.00	38.50	38.70
鸡	19 699.70	20 492.90	20 773.90	21 218.50	20 769.60

数据来源：联合国粮农组织。

从主要畜禽产品的产量来看（表 8-4），产量比较高的是与羊、牛和鸡相关的产品。其中，2020 年摩洛哥牛奶产量为 250.00 万吨，约占非洲总产量的 6.34%；鸡肉产量为 82.15 万吨，约占非洲总产量的 12.88%；鸡蛋产量为 41.50 万吨，约占非洲总产量的 11.69%；牛肉产量为 28.20 万吨，约占非洲总产量的 4.73%；绵羊肉产量为 17.90 万吨，约占非洲总产量的 9.06%。

表 8-4 摩洛哥历年主要畜禽产品产量

单位：万吨

类别	2016 年	2017 年	2018 年	2019 年	2020 年
牛奶	250.00	255.00	255.00	255.00	250.00
鸡肉	61.00	69.00	72.00	78.20	82.15
鸡蛋	26.95	39.06	39.60	41.40	41.50
牛肉	25.78	27.65	28.16	28.30	28.20
绵羊肉	16.09	17.26	17.79	17.88	17.90

数据来源：联合国粮农组织。

二、农业发展水平

从摩洛哥农业增加值的变化来看（图 8-1），1970 至 2020 年间总体呈波动上升趋势，且增长幅度非常大，自 2017 年开始相对比较稳定。总体上由 1970 年的 8.62 亿美元增长到了 2020 年的 134.02 亿美元，在 2019 年达到 145.59 亿美元的区间峰值。

摩洛哥农业增加值占非洲农业增加值的比例在波动中保持基本稳定（图 8-2），在 5% 左右徘徊，整体上由 1970 年的 4.03% 变化到了

2020 年的 3.35％。摩洛哥农业增加值占全国 GDP 的变化则呈现出波动
下降的明显趋势，由 1970 年的 18.55％波动下降至 2020 年的 11.68％。

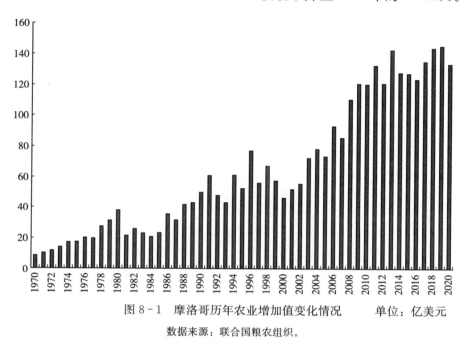

图 8-1　摩洛哥历年农业增加值变化情况　　　　单位：亿美元

数据来源：联合国粮农组织。

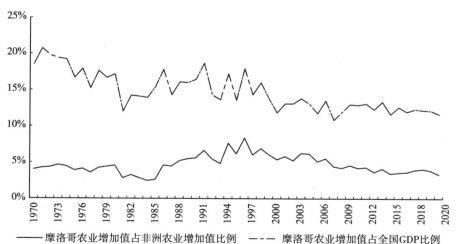

——摩洛哥农业增加值占非洲农业增加值比例　--- 摩洛哥农业增加值占全国 GDP 比例

图 8-2　历年摩洛哥农业增加值占非洲农业增加值和全国 GDP 比例情况

数据来源：根据联合国粮农组织数据计算得到。

三、农业经营规模

图 8-3 展示了摩洛哥人均耕地面积变化情况。可以看出，1991 年以来摩洛哥人均耕地面积呈持续下降趋势，整体上由 1991 年的 2.80 公顷变化到了 2019 年的 1.89 公顷。

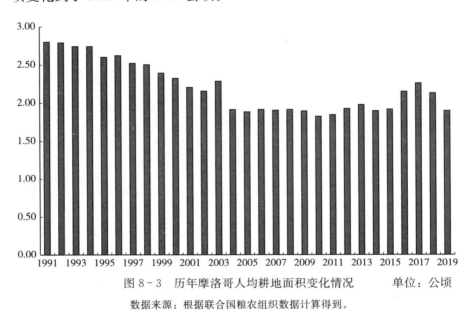

图 8-3　历年摩洛哥人均耕地面积变化情况　　　单位：公顷

数据来源：根据联合国粮农组织数据计算得到。

第二节　农机化发展分析

摩洛哥是一个传统的农业国，工业不发达。因此，其农机工业基础差，无生产拖拉机和农机具的能力，国内仅生产一些诸如犁、拖车及水泵等产品，拖拉机和大型农机具基本依靠进口。近年来，摩洛哥农业机械化发展取得了一定进展，但整体水平仍然不是很高。从第一产业从业人数占全社会从业人数的比例变化情况来看（图 8-4），可以发现总体呈持续下降趋势。1991 年时摩洛哥第一产业从业人数占全社会从业人数的比例为 46.90%，之后波动下降至 2011 年的 39.80%后均未超过

40%，2019 年为 33.30%，一定程度反映出摩洛哥农业机械化发展依然有较大潜力。

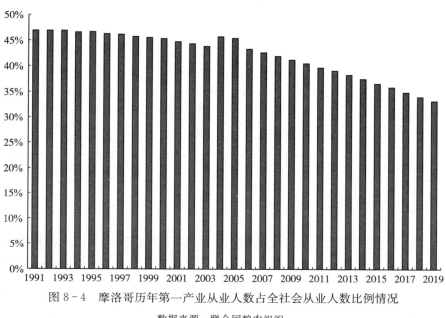

图 8-4　摩洛哥历年第一产业从业人数占全社会从业人数比例情况

数据来源：联合国粮农组织。

第三节　农机贸易情况分析

一、主要农机产品

从进出口贸易情况来看（表 8-5），2020 年摩洛哥主要农机产品均处于明显的贸易逆差状态。从出口产品结构来看，植保机械是摩洛哥出口贸易额最高的产品，占 2020 年当年摩洛哥主要农机产品总出口额比重高达 58.92%；其次为拖拉机，占比为 23.94%，其余占比均较低。从进口产品贸易结构来看，植保机械是摩洛哥进口贸易额最高的产品，占 2020 年当年摩洛哥主要农机产品总进口额比重为 45.74%；其次是拖拉机和畜禽养殖机械，占比分别为 29.38% 和 12.77%；耕整地机械、种植机械、收获机械占比分别为 2.25%、4.22% 和 5.63%。

表 8 - 5　2020 年摩洛哥主要农机产品进出口贸易情况

单位：千美元

类别	出口额	进口额
拖拉机	267.59	31 948.90
耕整地机械	41.07	2 449.58
种植机械	36.08	4 586.23
植保机械	658.52	49 737.16
收获机械	63.05	6 119.04
畜禽养殖机械	51.30	13 889.35
合计	1 117.60	108 730.26

数据来源：根据 UNcomtrade 数据整理得到。

二、拖拉机

拖拉机是摩洛哥进出口贸易总额较高的大类农机产品。从拖拉机细分产品进出口贸易情况来看（表 8 - 6），所有产品均处于贸易逆差状态。从出口产品结构来看，占拖拉机出口额比重较高的为 37 至 75 千瓦轮式拖拉机、18 千瓦及以下轮式拖拉机，占比分别为 53.89% 和 45.13%。从进口产品结构来看，占拖拉机进口额比重较高的为 37 至 75 千瓦轮式拖拉机、75 至 130 千瓦轮式拖拉机、130 千瓦以上轮式拖拉机，占比分别为 72.95%、12.10% 和 6.65%。

表 8 - 6　2020 年摩洛哥拖拉机进出口贸易情况

单位：千美元

类别	出口额	进口额
单轴拖拉机	0	242.64
履带式拖拉机	0	0
18 千瓦及以下轮式拖拉机	120.77	824.1
18 至 37 千瓦（含）轮式拖拉机	0.35	1 584.97
37 至 75 千瓦（含）轮式拖拉机	144.20	23 307.89
75 至 130 千瓦（含）轮式拖拉机	2.28	3 865.96
130 千瓦以上轮式拖拉机	0	2 123.35

数据来源：根据 UNcomtrade 数据整理得到。

表8-7展示了2020年摩洛哥主要拖拉机产品的主要进口来源国分布和进口占比情况。可以看出，37至75千瓦轮式拖拉机进口来源国相对集中，意大利、土耳其和印度占比分别为58.88％、20.06％和11.44％，排名前十的国家总共占比为99.60％。75至130千瓦轮式拖拉机进口地域分布方面，进口来源国较为分散，德国、法国、意大利、荷兰和墨西哥占比分比为19.50％、19.44％、18.74％、12.63％和12.29％。130千瓦以上轮式拖拉机进口集中度较高，最高的法国占比高达80.18％。综合来看，意大利和土耳其是摩洛哥主要拖拉机产品的重要进口来源国。

表8-7　2020年摩洛哥主要拖拉机产品主要进口来源国分布和进口占比情况

37至75千瓦轮式拖拉机	占比	75至130千瓦轮式拖拉机	占比	130千瓦以上轮式拖拉机	占比
意大利	58.88％	德国	19.50％	法国	80.18％
土耳其	20.06％	法国	19.44％	德国	9.71％
印度	11.44％	意大利	18.74％	意大利	6.34％
西班牙	3.34％	荷兰	12.63％	西班牙	3.21％
墨西哥	2.20％	墨西哥	12.29％	加拿大	0.57％
法国	1.66％	中国	9.21％		
中国	0.76％	土耳其	6.85％		
德国	0.62％	日本	1.20％		
捷克	0.37％	西班牙	0.14％		
英国	0.27％				

数据来源：根据UNcomtrade数据整理得到。

三、植保机械

植保机械是摩洛哥进出口贸易总额最高的大类农机产品。从细分产品进出口贸易情况来看（表8-8），所有产品均处于贸易逆差状态。从出口产品结构来看，占植保机械出口额比重较高的是其他植保机械和其他农用喷雾器，占比分别为57.16％和37.96％。从进口产品结构来看，占植保机械进口额比重最高的是其他植保机械和其他农用喷雾器，占比分别为 77.64% 和 16.19%。

表 8-8　2020 年摩洛哥植保机械进出口贸易情况

单位：千美元

类别	出口额	进口额
便携式农用喷雾器	32.16	3 068.78
其他农用喷雾器	249.97	8 054.70
其他植保机械	376.39	38 613.67

数据来源：根据 UNcomtrade 数据整理得到。

　　表 8-9 展示了 2020 年摩洛哥主要植保机械产品的主要出口目标国分布和各自出口占比情况。可以看出，其他农用喷雾器的出口集中度极高，最高的肯尼亚占比高达 98.27%，几乎是单一出口目标国。其他植保机械出口地域分布方面，进口来源国也相对集中，法国、埃塞俄比亚和布基纳法索占比分别为 39.89%、30.55% 和 22.38%。可见，肯尼亚是摩洛哥主要植保机械产品出口的重要市场。

表 8-9　2020 年摩洛哥主要植保机械产品主要出口目标国分布和出口占比情况

其他农用喷雾器	占比	其他植保机械	占比
肯尼亚	98.27%	法国	39.89%
几内亚	0.80%	埃塞俄比亚	30.55%
塞内加尔	0.70%	布基纳法索	22.38%
毛里塔尼亚	0.13%	塞内加尔	5.50%
马达加斯加	0.06%	意大利	0.77%
法国	0.05%	吉布提	0.68%
		毛里塔尼亚	0.15%
		喀麦隆	0.04%
		刚果（布）	0.03%

数据来源：根据 UNcomtrade 数据整理得到。

　　表 8-10 展示了 2020 年摩洛哥主要植保机械产品的主要进口来源国（地区）分布和进口占比情况。可以看出，其他农用喷雾器进口来源国（地区）相对集中，最高的中国占比为 46.07%，紧随其后的土耳其

和意大利占比分别为 19.93％和 18.47％，排名前十的国家（地区）总共占比为 99.44％。其他植保机械进口集中度也较高，进口自西班牙的占比高达 64.04％，紧随其后的法国占比为 19.53％，排名前十的国家合计占比为 99.61％。可见，西班牙、法国、意大利、中国和土耳其是摩洛哥主要植保机械产品最为重要的进口来源国。

表 8-10　2020 年摩洛哥主要植保机械产品主要进口来源国（地区）分布和进口占比情况

其他农用喷雾器	占比	其他植保机械	占比
中国	46.07％	西班牙	64.04％
土耳其	19.93％	法国	19.53％
意大利	18.47％	意大利	5.70％
西班牙	9.08％	土耳其	3.62％
葡萄牙	4.34％	中国	2.70％
法国	0.64％	美国	1.69％
日本	0.38％	墨西哥	1.19％
德国	0.28％	希腊	0.45％
荷兰	0.22％	澳大利亚	0.44％
中国香港	0.05％	荷兰	0.24％

数据来源：根据 UNcomtrade 数据整理得到。

四、收获机械

收获机械是摩洛哥进口贸易额较高的大类农机产品。从细分产品进口贸易情况来看（表 8-11），占收获机械进口额比重较高的为其他收获机械、根茎或块茎收获机、联合收割机，占比分别为 40.79％、24.99％和 21.69％。

表 8-11　2020 年摩洛哥收获机械进口贸易情况

单位：千美元

类别	进口额
联合收割机	1 327.02
脱粒机	767.36

（续）

类别	进口额
根茎或块茎收获机	1 528.98
其他收获机械	2 495.67

数据来源：根据 UNcomtrade 数据整理得到。

表 8 - 12 展示了 2020 年摩洛哥主要收获机械的主要进口来源国分布和各自进口占比情况。可以看出，联合收割机进口集中度相对较高，德国、中国和西班牙占比分别为 52.81％、21.01％和 14.28％，三国合计占比高达 88.10％。根茎或块茎收获机进口来源国较为单一，进口自西班牙的高达 93.85％。其他收获机械进口来源国相对分散，西班牙、法国、意大利和德国占比分别为 29.48％、28.48％、18.97％和 14.44％，排名前十的国家合计占比为 99.77％。可见，西班牙和德国是摩洛哥主要收获机械最为重要的进口来源国。

表 8 - 12　2020 年摩洛哥主要收获机械产品主要进口来源国分布和进口占比情况

联合收割机	占比	根茎或块茎收获机	占比	其他收获机械	占比
德国	52.81％	西班牙	93.85％	西班牙	29.48％
中国	21.01％	意大利	3.89％	法国	28.48％
西班牙	14.28％	法国	1.92％	意大利	18.97％
法国	5.95％	土耳其	0.35％	德国	14.44％
比利时	3.57％			土耳其	2.41％
立陶宛	1.19％			葡萄牙	1.90％
美国	1.19％			美国	1.90％
				巴西	1.19％
				丹麦	0.63％
				中国	0.35％

数据来源：根据 UNcomtrade 数据整理得到。

五、畜禽养殖机械

畜禽养殖机械也是摩洛哥进出口总额较高的大类农机产品，但只有极少量的出口。从细分产品进出口贸易情况来看（表 8-13），占畜禽养殖机械进口额比重最高的是家禽饲养机械，占比高达 49.89%；其次是动物饲料配制机，占比为 19.61%。

表 8-13　2020 年摩洛哥畜禽养殖机械进出口贸易情况

单位：千美元

类别	出口额	进口额
挤奶机	10.11	1 376.77
动物饲料配制机	0	2 724.09
家禽孵卵器及育雏器	2.52	1 693.83
家禽饲养机械	23.17	6 928.93
割草机	15.50	489.32
饲草收获机	0	13.50
打捆机	0	662.92

数据来源：根据 UNcomtrade 数据整理得到。

表 8-14 展示了 2020 年摩洛哥主要畜禽养殖机械产品的主要进口来源国分布和进口占比情况。可以看出，动物饲料配制机进口来源国较为分散，中国、法国、西班牙和土耳其占比分别为 31.39%、28.26%、16.23% 和 11.26%，排名前十的国家总共占比为 99.98%。家禽饲养机械进口地域分布方面，荷兰、德国、意大利和法国占比分别为 31.16%、25.25%、15.91% 和 12.34%，排名前十的国家合计占比为 98.55%。可见，摩洛哥主要畜禽养殖机械产品进口来源国相对较为分散。

表 8-14　2020 年摩洛哥主要畜禽养殖机械产品主要进口来源国分布和进口占比情况

动物饲料配制机	占比	家禽饲养机械	占比
中国	31.39%	荷兰	31.16%
法国	28.26%	德国	25.25%
西班牙	16.23%	意大利	15.91%
土耳其	11.26%	法国	12.34%
荷兰	3.34%	美国	7.91%

（续）

动物饲料配制机	占比	家禽饲养机械	占比
爱尔兰	2.71%	马来西亚	1.87%
德国	2.51%	中国	1.50%
意大利	2.43%	埃及	1.05%
捷克	1.77%	土耳其	0.92%
巴西	0.06%	西班牙	0.62%

数据来源：根据 UNcomtrade 数据整理得到。

小　　结

（1）摩洛哥是非洲经济大国，主要以种植大麦、小麦、油橄榄和甜菜，以及养羊、牛和鸡为主；农业生产发展较快，人均耕地面积不断缩小。

摩洛哥是非洲经济大国。大麦、小麦、油橄榄和甜菜是摩洛哥主要种植的农作物。收获面积方面，2020 年无花果位居世界第一，杏仁、羽扇豆和柑橘均位居世界第三，海枣位居世界第七。作物产量方面，橘子产量位居世界第六。猪、羊、牛和鸡为摩洛哥主要养殖的畜禽种类，2020 年骡子存栏量位居世界第四。摩洛哥农业生产发展较快，近年来农业增加值呈波动上升趋势，占非洲农业增加值的比例波动中保持基本稳定，占全国 GDP 比例波动下降到 2020 年的 11% 左右。人均耕地面积呈持续下降趋势。

（2）摩洛哥农业机械化发展水平不高，第一产业从业人数占全社会从业人数比例持续下降。

摩洛哥农机工业基础差，无生产拖拉机和农机具能力，国内仅生产一些诸如犁、拖车及水泵等产品，拖拉机和大型农机具基本依靠进口。近年来，摩洛哥农业机械化发展取得了一定进展，但整体水平仍然不高。第一产业从业人数占全社会从业人数的比例呈持续下降趋势，

2019 年为 33.30%。

（3）摩洛哥主要农机产品以进口为主，进口集中度较高。

摩洛哥主要农机产品整体上处于明显的贸易逆差状态，主要进口农机产品为拖拉机、植保机械、收获机械和畜禽养殖机械。细分产品方面，以 37 至 75 千瓦轮式拖拉机、75 至 130 千瓦轮式拖拉机、130 千瓦以上轮式拖拉机、其他农用喷雾器、其他植保机械、联合收割机、根茎或块茎收获机、其他收获机械、动物饲料配制机、家禽饲养机械等为主；进口集中度较高，部分产品进口来源国比较分散，西班牙、法国、意大利、中国和土耳其是较为重要的进口来源国。

第九章　阿尔及利亚

阿尔及利亚是非洲面积最大的国家。位于非洲西北部。北临地中海，东临突尼斯、利比亚，南与尼日尔、马里和毛里塔尼亚接壤，西与摩洛哥、西撒哈拉交界。阿尔及利亚人口约为 4 535 万，国土面积约为 238 万平方公里，可耕地面积约为 750 万公顷。

第一节　农业发展情况

一、农业生产概况

阿尔及利亚经济规模在非洲位居前列，但是农业发展还是靠天吃饭模式，产量起伏较大，是世界粮食、奶、油、糖十大进口国之一，每年进口粮食约 500 万吨。

从农作物的收获面积情况来看（表 9-1），阿尔及利亚以种植小麦、大麦、油橄榄、海枣、马铃薯、葡萄、燕麦、西瓜、洋葱和橙子等为主，且小麦和大麦稳居农作物收获面积前两位，常年收获面积基本在百万公顷以上。其中，2020 年阿尔及利亚小麦收获面积为 184.81 万公顷，约占非洲总收获面积的 18.54%；大麦收获面积为 97.81 万公顷，约占非洲总收获面积的 22.74%；油橄榄收获面积为 43.88 万公顷，位居世界第八，约占世界总收获面积的 3.44%、占非洲总收获面积的 7.99%；海枣收获面积为 17.05 万公顷，位居世界第二，约占世界总收获面积的 13.80%、占非洲总收获面积的 37.57%。另外，西瓜收获面积为 6.10 万公顷，位居世界第十，约占世界总收获面积的 2.00%、占非洲总收获面积的 18.71%。

表 9-1　阿尔及利亚历年主要农作物收获面积

单位：万公顷

类别	2016 年	2017 年	2018 年	2019 年	2020 年
小麦	206.22	211.85	194.84	197.50	184.81
大麦	123.62	130.31	108.03	113.30	97.81
油橄榄	42.37	43.30	43.10	43.15	43.88
海枣	16.73	16.76	16.89	16.98	17.05
马铃薯	15.63	14.88	14.97	15.79	14.95
葡萄	7.03	6.96	6.94	6.86	6.93
燕麦	7.66	8.78	7.74	7.76	6.24
西瓜	5.90	5.73	6.04	6.27	6.10
洋葱	4.99	4.83	4.73	5.03	5.00
橙子	4.80	4.99	4.55	4.61	4.66

数据来源：联合国粮农组织。

　　从农作物的产量情况来看（表 9-2），阿尔及利亚基本稳定在前十位的作物是马铃薯、小麦、西瓜、洋葱、西红柿、大麦、橙子、海枣、油橄榄和辣椒，大部分作物常年产量均在百万吨以上。其中，2020 年阿尔及利亚马铃薯产量为 465.95 万吨，约占非洲总产量的 17.76%；小麦产量为 310.68 万吨，约占非洲总产量的 12.31%；西瓜产量为 228.68 万吨，位居世界第五，约占世界总产量的 2.25%、占非洲总产量的 27.85%；洋葱产量为 166.57 万吨，约占非洲总产量的 11.81%；西红柿产量为 163.56 万吨，约占非洲总产量的 7.36%；大麦产量为 121.31 万吨，约占非洲总产量的 21.91%；橙子产量为 117.48 万吨，约占非洲总产量的 12.04%；海枣产量为 115.19 万吨，位居世界第四，约占世界总产量的 12.18%、占非洲总产量的 28.52%；油橄榄产量为 107.95 万吨，位居世界第六，约占世界总产量的 5.18%、占非洲总产量的 19.30%；辣椒产量为 71.77 万吨，位居世界第八，约占世界总产量的 1.99%、占非洲总产量的 17.97%。

· 115 ·

表 9-2　阿尔及利亚历年主要农作物产量

单位：万吨

类别	2016 年	2017 年	2018 年	2019 年	2020 年
马铃薯	475.97	460.64	465.33	502.02	465.95
小麦	244.01	243.65	398.12	387.69	310.68
西瓜	187.77	189.13	209.58	220.69	228.68
洋葱	152.60	142.03	139.97	161.37	166.57
西红柿	128.06	128.63	130.97	147.79	163.56
大麦	91.99	96.97	195.73	164.77	121.31
橙子	89.28	101.40	113.42	119.95	117.48
海枣	102.96	105.86	109.47	113.60	115.19
油橄榄	69.64	68.45	86.08	86.88	107.95
辣椒	59.86	61.49	65.10	67.52	71.77

数据来源：联合国粮农组织。

阿尔及利亚畜牧业主要以养羊、牛和鸡为主（表 9-3）。其中，2020 年末阿尔及利亚绵羊存栏量为 3 090.56 万只，约占非洲总存栏量的 7.39%；山羊存栏量为 490.82 万只，仅占非洲总存栏量的 1.00%；牛存栏量为 174.02 万头，仅占非洲总存栏量的 0.47%；骆驼存栏量为 43.52 万只，仅占非洲总存栏量的 1.29%；鸡存栏量为 1.37 亿只，约占非洲总存栏量的 6.62%。

表 9-3　阿尔及利亚历年主要畜禽存栏量

单位：万头、万只

类别	2016 年	2017 年	2018 年	2019 年	2020 年
绵羊	2 813.60	2 839.36	2 872.40	2 937.86	3 090.56
山羊	493.47	500.79	490.85	492.91	490.82
牛	208.13	189.51	181.63	178.64	174.02
骆驼	37.91	38.19	41.73	41.72	43.52
鸡	13 442.10	13 659.50	13 547.30	13 637.60	13 728.00

数据来源：联合国粮农组织。

从主要畜禽产品的产量来看（表 9-4），产量比较高的是与羊、牛和鸡相关的产品。其中，2020 年阿尔及利亚牛奶产量为 241.46 万吨，约占非洲总产量的 6.12%；绵羊奶产量为 59.23 万吨，位居世界第五，约占世界总产量的 5.58%、占非洲总产量的 23.71%；绵羊肉产量为 33.62 万吨，位居世界第四，约占世界总产量的 3.40%、占非洲总产量的 17.02%；山羊奶产量为 33.28 万吨，约占非洲总产量的 7.42%；鸡蛋产量为 30.85 万吨，约占非洲总产量的 8.69%；鸡肉产量为 26.03 万吨，约占非洲总产量的 4.08%；牛肉产量为 14.44 万吨，约占非洲总产量的 2.42%。

表 9-4 阿尔及利亚历年主要畜禽产品产量

单位：万吨

类别	2016 年	2017 年	2018 年	2019 年	2020 年
牛奶	281.80	266.60	242.21	247.81	241.46
绵羊奶	46.85	51.58	51.18	52.42	59.23
绵羊肉	32.19	32.51	32.50	32.91	33.62
山羊奶	35.46	39.98	29.51	32.65	33.28
鸡蛋	38.82	32.85	31.40	32.21	30.85
鸡肉	26.14	26.40	26.02	26.02	26.03
牛肉	16.43	16.63	15.32	15.16	14.44

数据来源：联合国粮农组织。

二、农业发展水平

从阿尔及利亚农业增加值的变化来看（图 9-1），1970 至 2020 年间总体呈波动上升趋势，且增长幅度非常大，自 2013 年开始相对比较稳定。总体上由 1970 年的 6.84 亿美元增长到了 2020 年的 207.56 亿美元，2014 年达到 219.93 亿美元的区间峰值。

阿尔及利亚农业增加值占非洲农业增加值的比例变化波动较为明显（图 9-2），由 1970 年的 3.20% 变化到了 2020 年的 5.19%，1987 年达到了峰值 9.40%。阿尔及利亚农业增加值占全国 GDP 的变化同样波动非常明显，由 1970 年的 13.26% 变化到了 2020 年的 14.05%。

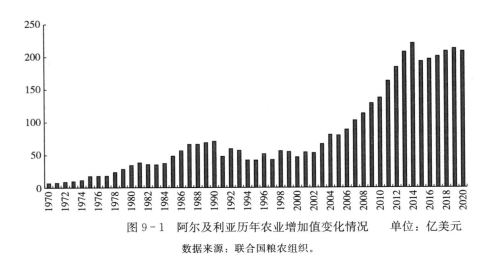

图 9-1 阿尔及利亚历年农业增加值变化情况 单位：亿美元

数据来源：联合国粮农组织。

——阿尔及利亚农业增加值占非洲农业增加值比例 ——阿尔及利亚农业增加值占全国GDP比例

图 9-2 历年阿尔及利亚农业增加值占非洲农业增加值和全国 GDP 比例情况

数据来源：根据联合国粮农组织数据计算得到。

三、农业经营规模

图 9-3 展示了阿尔及利亚人均耕地面积变化情况。可以看出，1991 年以来阿尔及利亚人均耕地面积呈波动增长趋势，整体上由

1991 年的 5.46 公顷变化到了 2019 年的 6.97 公顷。

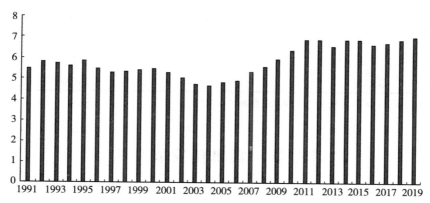

图 9-3　历年阿尔及利亚人均耕地面积变化情况　单位：公顷

数据来源：根据联合国粮农组织数据计算得到。

表 9-5 展示了 2001 年阿尔及利亚农户分布情况。可以看出，2001 年阿尔及利亚的户均经营面积约为 8.35 公顷。农户数量分布方面，经营规模在 2 至 5 公顷的数量最多，占比为 23.43%；其次是经营规模为 5 至 10 公顷的农户，占比为 17.71%；经营规模在 200 公顷及以上的农户数量最少，占比仅为 0.12%。总经营面积方面，经营规模在 20 至 50 公顷的农户占比最高，达到了 29.07%；其次是经营规模在 10 至 20 公顷的农户，占比为 22.18%；经营规模小于 0.5 公顷的农户面积最小，占比仅为 0.24%。

表 9-5　阿尔及利亚 2001 年农户分布情况

经营规模（公顷）	农户数量（个）	总经营面积（公顷）
<0.5	144 849	20 109
0.5~1	78 266	50 407
1~2	128 864	162 314
2~5	239 844	722 275
5~10	181 267	1 200 598
10~20	142 980	1 896 466
20~50	88 130	2 484 971

（续）

经营规模（公顷）	农户数量（个）	总经营面积（公顷）
50～100	14 294	930 765
100～200	4 063	532 146
≥200	1 242	458 628

数据来源：阿尔及利亚2001年农业普查。

第二节　农机化发展分析

近十年来，阿尔及利亚实行了一系列农业振兴计划，政府投资将近50亿美元，加大农业基础设施建设，国家废除农民债务2亿美元，投资捕鱼业可享受到政府30％左右的补贴。由于这一系列优惠措施的实施，阿尔及利亚农业和农机化水平都有了快速提升。为了继续振兴农业，预计阿尔及利亚每年还将投入近30亿美元。从2004年以来的拖拉机和收获机械保有量情况来看（表9-6），阿尔及利亚两类主要农业机械保有量已经基本饱和，也反映出了阿尔及利亚目前具有较高的农业机械化发展水平。

表9-6　阿尔及利亚主要农业机械保有量情况

单位：台

年度	拖拉机	收获机械
2004	97 809	8 357
2005	100 128	12 346
2006	102 363	12 418
2007	103 558	12 554
2008	104 529	12 650
2009	105 657	12 850
2010	107 456	13 146
2011	100 847	9 443
2012	102 055	9 521
2013	103 635	9 619

（续）

年度	拖拉机	收获机械
2014	105 789	9 713
2015	108 551	9 785
2016	110 261	9 833
2017	110 968	10 140
2018	111 505	10 584

数据来源：历年阿拉伯国家农业统计年鉴。

从第一产业从业人数占全社会从业人数的比例变化情况来看（图9-4），可以发现总体呈持续下降趋势。1991年时阿尔及利亚第一产业从业人数占全社会从业人数的比例为24.90%，之后波动下降至2005年的18.50%后均未超过20%，2019年为9.60%，也在一定程度上反映出阿尔及利亚具有较高的农业机械化发展水平。

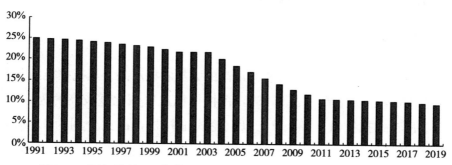

图9-4　阿尔及利亚历年第一产业从业人数占全社会从业人数比例情况

数据来源：联合国粮农组织。

第三节　农机贸易情况分析

一、主要农机产品

从进出口贸易情况来看（表9-7），2017年阿尔及利亚主要农机产品均处于明显的贸易逆差状态，几乎没有出口。从进口产品贸易结构来看，拖拉机是阿尔及利亚进口贸易额最高的产品，占2017年当年阿尔

及利亚主要农机产品总进口额比重为 45.72%；其次是畜禽养殖机械和
植保机械，占比分别为 27.52% 和 17.23%；耕整地机械、种植机械、
收获机械占比分别为 5.10%、2.06% 和 2.37%。

表 9-7　2017 年阿尔及利亚主要农机产品进出口贸易情况

单位：千美元

类别	出口额	进口额
拖拉机	41.37	72 827.92
耕整地机械	3.49	8 119.22
种植机械	0	3 283.76
植保机械	1.84	27 452.14
收获机械	2.54	3 775.79
畜禽养殖机械	0	43 848.11
合计	49.24	159 306.94

数据来源：根据 UNcomtrade 数据整理得到。

二、拖拉机

拖拉机是摩洛哥进口贸易额最高的大类农机产品。从拖拉机细分产
品进口贸易情况来看（表 9-8），占拖拉机进口额比重较高的为 37 至
75 千瓦轮式拖拉机、130 千瓦以上轮式拖拉机，占比分别为 47.54%
和 25.62%。

表 9-8　2017 年阿尔及利亚拖拉机进口贸易情况

单位：千美元

类别	进口额
单轴拖拉机	252.70
履带式拖拉机	6 696.19
18 千瓦及以下轮式拖拉机	4 315.05
18 至 37 千瓦（含）轮式拖拉机	3 677.99
37 至 75 千瓦（含）轮式拖拉机	34 620.28
75 至 130 千瓦（含）轮式拖拉机	4 607.84
130 千瓦以上轮式拖拉机	18 657.88

数据来源：根据 UNcomtrade 数据整理得到。

表9-9展示了2017年阿尔及利亚主要拖拉机产品的主要进口来源国分布和进口占比情况。可以看出，37至75千瓦轮式拖拉机进口集中度较高，最高的印度占比高达69.43%，意大利和中国占比也分别达到了17.85%和10.15%。130千瓦以上轮式拖拉机进口集中度更高，最高的德国占比高达93.70%。综合来看，印度和德国是阿尔及利亚主要拖拉机产品的主要进口来源国。

表9-9　2017年阿尔及利亚主要拖拉机产品主要进口来源国分布和进口占比情况

37至75千瓦轮式拖拉机	占比	130千瓦以上轮式拖拉机	占比
印度	69.43%	德国	93.70%
意大利	17.85%	中国	2.67%
中国	10.15%	法国	2.33%
韩国	1.51%	意大利	1.30%
土耳其	1.06%		

数据来源：根据UNcomtrade数据整理得到。

三、植保机械

植保机械是阿尔及利亚进口贸易额较高的大类农机产品。从细分产品进口贸易情况来看（表9-10），占植保机械进口额比重最高的是其他植保机械，占比高达82.03%。

表9-10　2017年阿尔及利亚植保机械进口贸易情况

单位：千美元

类别	进口额
便携式农用喷雾器	3 068.78
其他农用喷雾器	8 054.70
其他植保机械	38 613.67

数据来源：根据UNcomtrade数据整理得到。

表9-11展示了2017年阿尔及利亚其他植保机械产品的主要进口来源国分布和进口占比情况。可以看出，其他植保机械进口来源国相对

集中，最高的土耳其占比为 46.63％，紧随其后的西班牙和法国占比分别为 20.22％ 和 10.94％，排名前十的国家总共占比为 98.27％。可见，土耳其是阿尔及利亚其他植保机械最为重要的进口来源国。

表 9 - 11　2017 年阿尔及利亚其他植保机械产品主要进口来源国分布和进口占比情况

其他植保机械	占比
土耳其	46.63％
西班牙	20.22％
法国	10.94％
中国	7.05％
意大利	6.09％
美国	2.18％
沙特阿拉伯	1.74％
希腊	1.62％
阿联酋	1.14％
瑞士	0.65％

数据来源：根据 UNcomtrade 数据整理得到。

四、畜禽养殖机械

畜禽养殖机械也是阿尔及利亚进口贸易额较高的大类农机产品。从细分产品进口贸易情况来看（表 9 - 12），占畜禽养殖机械进口额比重最高的是家禽饲养机械，占比高达 48.87％；其次是动物饲料配制机，占比为 36.64％。

表 9 - 12　2017 年阿尔及利亚畜禽养殖机械进口贸易情况

单位：千美元

类别	进口额
挤奶机	1 176.72
动物饲料配制机	16 064.86
家禽孵卵器及育雏器	2 069.39
家禽饲养机械	21 429.02

（续）

类别	进口额
割草机	1 002.11
饲草收获机	572.96
打捆机	1 533.04

数据来源：根据 UNcomtrade 数据整理得到。

表 9-13 展示了 2017 年阿尔及利亚主要畜禽养殖机械产品的主要进口来源国分布和进口占比情况。可以看出，动物饲料配制机进口来源国较为分散，中国、西班牙、土耳其、突尼斯和法国占比分别为 23.05%、19.66%、19.63%、13.78% 和 10.42%。家禽饲养机械进口地域分布方面，意大利、西班牙和德国占比分别为 35.30%、19.88% 和 19.35%，排名前十的国家合计占比为 99.49%。可见，意大利和西班牙是阿尔及利亚主要畜禽养殖机械产品的重要进口来源国。

表 9-13　2017 年阿尔及利亚主要畜禽养殖机械产品主要进口来源国分布和进口占比情况

动物饲料配制机	占比	家禽饲养机械	占比
中国	23.05%	意大利	35.30%
西班牙	19.66%	西班牙	19.88%
土耳其	19.63%	德国	19.35%
突尼斯	13.78%	中国	8.42%
法国	10.42%	荷兰	4.67%
荷兰	8.39%	比利时	3.49%
意大利	4.20%	土耳其	3.30%
德国	0.56%	突尼斯	2.11%
南非	0.31%	法国	1.65%
		丹麦	1.33%

数据来源：根据 UNcomtrade 数据整理得到。

◆·◆◇◈ 小　　结 ◈◇◆·◆

（1）阿尔及利亚经济规模在非洲位居前列，主要以种植小麦、大麦和马铃薯，以及养羊、牛和鸡为主；农业生产发展较快，人均耕地面积波动增长。

阿尔及利亚经济规模在非洲位居前列，但是农业发展还是靠天吃饭模式。小麦、大麦和马铃薯是阿尔及利亚主要种植的农作物。收获面积方面，2020 年海枣、油橄榄和西瓜分别位居世界第二、第八和第十。作物产量方面，海枣、西瓜、油橄榄和辣椒分别位居世界第四、第五、第六和第八。羊、牛和鸡为阿尔及利亚主要养殖的畜禽种类，2020 年绵羊肉和绵羊奶产量分别位居世界第四和第五。阿尔及利亚农业生产发展较快，近年来农业增加值呈波动上升趋势，占非洲农业增加值的比例呈波动上升趋势，占全国 GDP 比例在 14% 左右波动。人均耕地面积呈波动增长趋势，2001 年阿尔及利亚的户均经营面积约为 8.35 公顷。

（2）阿尔及利亚农业机械化发展水平相对较高，主要农机产品保有量基本稳定，第一产业从业人数占全社会从业人数比例持续下降。

近年来，阿尔及利亚农业机械化发展较快，水平相对较高，拖拉机和收获机械两类主要农业机械保有量已基本饱和。第一产业从业人数占全社会从业人数的比例呈持续下降趋势，2005 年开始稳定在 20% 以下，2019 年为 9.60%。

（3）阿尔及利亚主要农机产品以进口为主，进口集中度较高。

阿尔及利亚主要农机产品整体上处于明显的贸易逆差状态，主要进口农机产品为拖拉机、植保机械和畜禽养殖机械。细分产品方面，以 37 至 75 千瓦轮式拖拉机、130 千瓦以上轮拖拉机、其他植保机械、动物饲料配制机、家禽饲养机械等为主；进口集中度较高，部分产品进口来源国比较分散，意大利、西班牙、印度、德国和土耳其是较为重要的进口来源国。

第十章　乌干达

乌干达是位于非洲东部、地跨赤道的内陆国。东邻肯尼亚，南与坦桑尼亚和卢旺达交界，西与刚果民主共和国接壤，北与南苏丹毗连。境内多为海拔1 200米左右的高原，丘陵连绵、山地平缓。乌干达人口约为4 430万，国土面积约为24万平方公里，可耕地面积约为690万公顷。

第一节　农业发展情况

一、农业生产概况

乌干达自然条件较好，土地肥沃，雨量充沛，气候适宜，农牧业在国民经济中占主导地位，粮食自给有余。但是工业落后，企业数量少、设备差、开工率低。乌干达也是联合国公布的世界最不发达国家之一。

从农作物的收获面积情况来看（表10-1），乌干达以种植大蕉、木薯、玉米、咖啡豆、干豆、甘薯、花生、高粱、向日葵和芝麻等为主，且大蕉、木薯和玉米稳居农作物收获面积前三位，但年度收获面积变化较大。其中，2020年乌干达大蕉收获面积为177.20万公顷，位居世界第一，约占世界总收获面积的27.19%、占非洲总收获面积的33.17%；木薯收获面积为126.21万公顷，位居世界第四，约占世界总收获面积的4.47%、占非洲总收获面积的5.62%；玉米收获面积为99.11万公顷，约占非洲总收获面积的2.30%；咖啡豆收获面积为53.64万公顷，位居世界第八，约占世界总收获面积的4.86%、占非洲总收获面积的 17.57％。另外，甘薯收获面积为 36.60 万公顷，位居世界第四，约占世界总收获面积的 4.95％、占非洲总收获面积的 8.69％。

表 10-1　乌干达历年主要农作物收获面积

单位：万公顷

类别	2016 年	2017 年	2018 年	2019 年	2020 年
大蕉	75.87	106.44	80.17	196.36	177.20
木薯	102.94	81.86	131.68	209.45	126.21
玉米	97.19	107.89	128.80	131.73	99.11
咖啡豆	43.43	53.24	51.12	56.94	53.64
干豆	48.33	60.62	54.03	35.02	40.60
甘薯	43.44	45.71	35.30	35.35	36.60
花生	42.30	42.40	28.60	32.00	33.00
高粱	32.86	22.06	30.53	24.79	30.57
向日葵	25.00	25.60	27.20	26.50	27.50
芝麻	20.70	20.80	21.30	21.20	21.50

数据来源：联合国粮农组织。

从农作物的产量情况来看（表 10-2），乌干达基本稳定在前十位的作物是大蕉、甘蔗、木薯、玉米、甘薯、干豆、花生、洋葱、马铃薯和咖啡豆，且大蕉、甘蔗、木薯、玉米和甘薯是历年产量基本上稳居前五位的农作物，常年产量均在百万吨以上。其中，2020 年乌干达大蕉产量为 740.16 万吨，位居世界第一，约占世界总产量的 17.17％、占非洲总产量的 24.74％；甘蔗产量为 577.82 万吨，约占非洲总产量的 6.04％；木薯产量为 420.79 万吨，仅占非洲总产量的 2.17％；玉米产量为 275.00 万吨，仅占非洲总产量的 3.04％；甘薯产量为 153.61 万吨，位居世界第八，约占世界总产量的 1.72％、占非洲总产量的 5.33％；干豆产量为 60.90 万吨，位居世界第十，约占世界总产量的 2.21％、占非洲总产量的 8.61％。另外，咖啡豆产量为 29.07 万吨，位居世界第九，约占世界总产量的 2.72％、占非洲总产量的 22.54％。

表 10 - 2 乌干达历年主要农作物产量

单位：万吨

类别	2016 年	2017 年	2018 年	2019 年	2020 年
大蕉	339.59	466.00	345.00	832.60	740.16
甘蔗	520.00	532.70	550.30	550.00	577.82
木薯	272.90	272.93	439.02	698.30	420.79
玉米	248.28	281.45	344.24	358.80	275.00
甘薯	191.07	193.01	148.42	148.50	153.61
干豆	80.96	101.24	94.03	62.70	60.90
花生	27.48	29.66	19.32	30.20	33.60
洋葱	31.21	31.72	31.98	31.63	31.77
马铃薯	17.13	29.93	32.73	32.60	30.93
咖啡豆	24.31	30.21	28.42	31.26	29.07

数据来源：联合国粮农组织。

乌干达畜牧业主要以养牛和羊为主（表 10 - 3）。其中，2020 年末乌干达牛存栏量为 1 554.13 万头，约占非洲总存栏量的 4.19%；山羊存栏量为 1 543.00 万只，约占非洲总存栏量的 3.16%；生猪存栏量为 263.83 万头，约占非洲总存栏量的 5.99%；绵羊存栏量为 202.42 万只，仅占非洲总存栏量的 0.48%；鸡存栏量为 3 626.30 万只，约占非洲总存栏量的 1.75%。

表 10 - 3 乌干达历年主要畜禽存栏量

单位：万头、万只

类别	2016 年	2017 年	2018 年	2019 年	2020 年
牛	1 427.32	1 448.00	1 466.03	1 509.27	1 554.13
山羊	1 363.49	1 409.65	1 461.79	1 502.29	1 543.00
生猪	247.93	249.99	253.09	258.27	263.83
绵羊	190.27	194.52	195.87	198.64	202.42
鸡	3 394.10	3 366.60	3 458.90	3 545.20	3 626.30

数据来源：联合国粮农组织。

从主要畜禽产品的产量来看（表 10 - 4），产量比较高的是与牛和羊等相关的产品。其中，2020 年乌干达牛奶产量为 176.64 万吨，约占非洲总产量的 4.48%；牛肉产量为 16.39 万吨，约占非洲总产量的 2.75%；猪肉产量为 13.12 万吨，约占非洲总产量的 8.22%；鸡肉产量为 7.00 万吨，约占非洲总产量的 1.10%；鸡蛋产量为 4.47 万吨，约占非洲总产量的 1.26%；山羊肉产量为 3.52 万吨，约占非洲总产量的 2.50%。

表 10 - 4　乌干达历年主要畜禽产品产量

单位：万吨

类别	2016 年	2017 年	2018 年	2019 年	2020 年
牛奶	163.40	161.40	204.00	172.47	176.64
牛肉	17.57	17.23	16.95	16.65	16.39
猪肉	11.96	12.64	12.75	12.94	13.12
鸡肉	6.34	6.63	6.70	6.85	7.00
鸡蛋	4.30	4.40	4.50	4.50	4.47
山羊肉	3.47	3.65	3.58	3.55	3.52

数据来源：联合国粮农组织。

二、农业发展水平

从乌干达农业增加值的变化来看（图 10 - 1），1970 至 2020 年间总体呈波动上升趋势，且增长幅度非常大。总体上由 1970 年的 6.16 亿美元增长到了 2020 年的 91.88 亿美元，也是这期间的峰值，但依然尚不足百亿美元。

乌干达农业增加值占非洲农业增加值的比例波动不大（图 10 - 2），稳定在 1.70% 至 4.30% 之间，整体上由 1970 年的 2.89% 变化到了 2020 年的 2.30%。乌干达农业增加值占全国 GDP 的变化则呈现出波动下降的明显趋势，由 1970 年的 43.29% 波动下降至 2020 年的 23.74%。

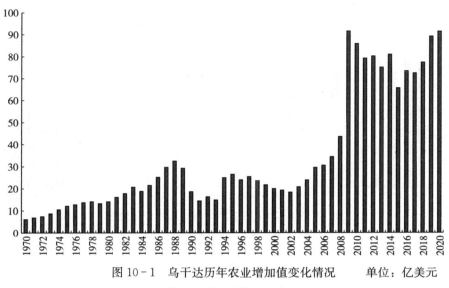

图 10 - 1　乌干达历年农业增加值变化情况　　单位：亿美元

数据来源：联合国粮农组织。

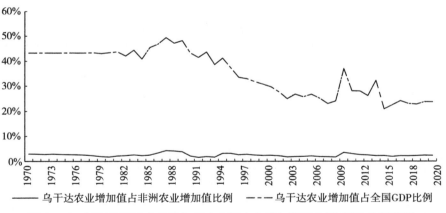

—— 乌干达农业增加值占非洲农业增加值比例　　- - - 乌干达农业增加值占全国GDP比例

图 10 - 2　历年乌干达农业增加值占非洲农业增加值和全国 GDP 比例情况

数据来源：根据联合国粮农组织数据计算得到。

三、农业经营规模

图 10 - 3 展示了乌干达人均耕地面积变化情况。可以看出，1991 年以来乌干达人均耕地面积呈持续下降趋势，整体上由 1991 年的

1.08 公顷变化到了 2019 年的 0.59 公顷。

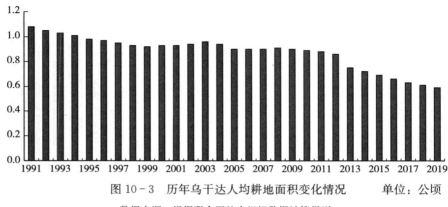

图 10-3　历年乌干达人均耕地面积变化情况　　　单位：公顷

数据来源：根据联合国粮农组织数据计算得到。

表 10-5 展示了乌干达农户数量变化情况。可以看出，自 1995/1996 年开始乌干达农户数量一直保持持续增长趋势，2008/2009 年达到了 394.6 万个，较 1995/1996 年增长了约 23.31%。

表 10-5　乌干达农户数量变化情况

年	农户数量（千个）
1995/1996	3 200
1999/2000	3 300
2002	3 833
2008/2009	3 946

数据来源：乌干达 2008/2009 年农业普查。

第二节　农机化发展分析

乌干达是典型的农业国，实行土地私有制、允许土地自由买卖，绝大部分的土地集中在少数大农场主手里，规模化经营、产业化发展的大型农场为农机化发展开辟了广阔的空间。但乌干达使用的农业机械绝大部分依赖进口，农业机械化刚处于起步阶段，农机装备结构单一，少量使用拖拉机和耕整地机械，播种、植保、收获等机械缺乏。另外，乌干达小农户约占农业生产业主的 75.0%。但乌干达农民缺乏农业基础知识和生产技术，大部分农业生产者还停留在"只管撒种、不管经营、靠天收成"的原始农业生产阶段。主要粮经作物耕、种、收基本以全人工为主，使用最多的农具是锄头和镰刀，后续初加工机具更是严重缺乏。

近年来，乌干达也在出台相关政策，积极推动农业机械化发展。2019/2020 年，约有 33% 的农户至少在农业生产的一个环节使用包括畜力犁、拖拉机等在内的机械作业，2010 年时只有 10%。一项调查显示，目前种植业生产机械化率约为 32.6%，畜牧业生产机械化率约为 0.23%，渔业生产机械化率约为 0.17%。表 10 - 6 展示了畜力犁和拖拉机在各区域的分布情况。可以看出，区域机械化发展不平衡的特征较为明显。

表 10 - 6 乌干达主要农业机械区域分布情况

单位:%

区域	畜力犁	拖拉机
Ankole	0.00	14.74
Central 1	0.05	1.07
Kigezi	0.05	0.71
Tooro	0.56	6.39
Central 2	0.76	14.39
Westnile	1.01	3.55
Bunyoro	5.57	12.26
Bukedi	6.48	4.62
Acholi	7.34	18.65
Elgon	7.54	11.37
Busoga	12.35	8.88
Karamoja	13.82	3.02
Lango	17.11	0.36
Teso	27.34	0.00

数据来源：乌干达农牧渔业部。

从各类机械的拥有情况来看（表 10 - 7），整体上农户自有和同伴拥有的比例合计达到了 78%，租赁使用的情况占到了 18.9%，具体到

每类机械各有不同。畜力犁绝大部分为农户自有或同伴拥有，手扶拖拉
机以同伴拥有和农户自有为主，轮式拖拉机则以租赁使用为主，农户自
有的比例仅为 16.4%。

表 10-7 乌干达主要农业机械拥有情况

单位:%

拥有情况	畜力犁	手扶拖拉机	轮式拖拉机	所有机械
农户自有	48.3	27.0	16.4	42.0
同伴拥有	41.1	43.2	13.8	36.0
租赁使用	9.6	18.9	58.2	18.9
共同拥有	0.7	10.8	5.3	1.8
政府拥有	0.1	0.0	1.6	0.3
非政府组织	0.1	0.0	4.7	1.0

数据来源:乌干达农牧渔业部。

另外，从第一产业从业人数占全社会从业人数的比例变化情况来看
(图 10-4)，可以发现总体变化不大。1991 年时乌干达第一产业从业人
数占全社会从业人数的比例就高达 72.30%，2019 年为 72.10%，一定
程度反映出乌干达具有较低的农业机械化发展水平。

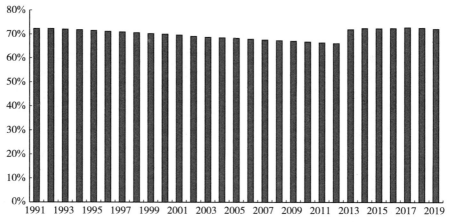

图 10-4 乌干达历年第一产业从业人数占全社会从业人数比例情况

数据来源:联合国粮农组织。

第三节　农机贸易情况分析

一、主要农机产品

从进出口贸易情况来看（表 10-8），2020 年乌干达主要农机产品均处于明显的贸易逆差状态。从进口产品贸易结构来看，拖拉机是乌干达进口贸易额最高的产品，占 2020 年当年阿尔及利亚主要农机产品总进口额比重为 40.06％；其次是畜禽养殖机械和植保机械，占比分别为 25.06％和 19.90％；耕整地机械、种植机械、收获机械占比分别为 10.25％、0.93％和 3.81％。

表 10-8　2020 年乌干达主要农机产品进出口贸易情况

单位：千美元

类别	出口额	进口额
拖拉机	781.54	7 655.03
耕整地机械	2.97	1 958.18
种植机械	4.16	177.60
植保机械	21.35	3 801.96
收获机械	60.05	727.68
畜禽养殖机械	3.66	4 788.63
合计	873.73	19 109.08

数据来源：根据 UNcomtrade 数据整理得到。

二、拖拉机

拖拉机是乌干达进口贸易额最高的大类农机产品。从拖拉机细分产品进口贸易情况来看（表 10-9），占拖拉机进口额比重较高的为 37 至 75 千瓦轮式拖拉机、75 至 130 千瓦轮式拖拉机，占比分别为 60.82％和 26.23％。

表 10 - 9　2020 年乌干达拖拉机进口贸易情况

单位：千美元

类别	进口额
单轴拖拉机	0.30
履带式拖拉机	64.10
18 千瓦及以下轮式拖拉机	799.30
18 至 37 千瓦（含）轮式拖拉机	69.06
37 至 75 千瓦（含）轮式拖拉机	4 655.76
75 至 130 千瓦（含）轮式拖拉机	2 007.98
130 千瓦以上轮式拖拉机	58.54

数据来源：根据 UNcomtrade 数据整理得到。

表 10 - 10 展示了 2020 年乌干达主要拖拉机产品的主要进口来源国分布和进口占比情况。可以看出，37 至 75 千瓦轮式拖拉机进口集中度非常高，最高的印度占比高达 73.24%，紧随其后的巴西占比为 10.74%，排名前十的国家合计占比为 99.00%。75 至 130 千瓦轮式拖拉机进口集中度也较高，巴基斯坦和印度占比分别为 34.64% 和 32.08%，排名前十的国家合计占比为 98.74%。综合来看，印度是乌干达主要拖拉机产品的重要进口来源国。

表 10 - 10　2020 年乌干达主要拖拉机产品主要进口来源国分布和进口占比情况

37 至 75 千瓦轮式拖拉机	占比	75 至 130 千瓦轮式拖拉机	占比
印度	73.24%	巴基斯坦	34.64%
巴西	10.74%	印度	32.08%
巴基斯坦	4.25%	肯尼亚	7.02%
中国	2.93%	意大利	5.49%
英国	2.29%	日本	3.98%
土耳其	1.76%	中国	3.68%
荷兰	1.46%	南非	3.56%
意大利	1.40%	加拿大	3.22%
日本	0.51%	土耳其	2.62%
斯威士兰	0.43%	墨西哥	2.47%

数据来源：根据 UNcomtrade 数据整理得到。

三、植保机械

植保机械是乌干达进口贸易额较高的大类农机产品。从细分产品进口贸易情况来看（表 10 - 11），占植保机械进口额比重最高的是其他植保机械，占比高达 71.71%。

表 10 - 11　2020 年乌干达植保机械进口贸易情况

单位：千美元

类别	进口额
便携式农用喷雾器	509.29
其他农用喷雾器	566.36
其他植保机械	2 726.31

数据来源：根据 UNcomtrade 数据整理得到。

表 10 - 12 展示了 2020 年乌干达其他植保机械产品的主要进口来源国分布和进口占比情况。可以看出，其他植保机械进口来源国相对集中，最高的中国占比为 58.35%，紧随其后的印度占比为 18.27%，排名前十的国家总共占比为 97.48%。可见，中国是乌干达其他植保机械最为重要的进口来源国。

表 10 - 12　2020 年乌干达其他植保机械产品主要进口来源国分布和进口占比情况

其他植保机械	占比
中国	58.35%
印度	18.27%
西班牙	5.93%
肯尼亚	4.45%
巴西	2.53%
美国	2.11%
荷兰	1.87%
南非	1.49%
泰国	1.34%
丹麦	1.14%

数据来源：根据 UNcomtrade 数据整理得到。

四、畜禽养殖机械

畜禽养殖机械也是乌干达进口贸易额较高的大类农机产品。从细分产品进口贸易情况来看（表 10-13），占畜禽养殖机械进口额比重最高的是家禽饲养机械，占比高达 53.58%；其次是动物饲料配制机，占比为 25.86%。

表 10-13   2020 年乌干达畜禽养殖机械进口贸易情况

单位：千美元

类别	进口额
挤奶机	40.78
动物饲料配制机	1 238.17
家禽孵卵器及育雏器	673.12
家禽饲养机械	2 565.55
割草机	78.96
饲草收获机	23.64
打捆机	168.41

数据来源：根据 UNcomtrade 数据整理得到。

表 10-14 展示了 2020 年乌干达主要畜禽养殖机械产品的主要进口来源国（地区）分布和进口占比情况。可以看出，动物饲料配制机进口来源国高度集中，仅进口自中国的占比就高达 83.88%，紧随其后的美国占比为 10.73%。家禽饲养机械进口地域分布方面，中国、意大利和德国占比分别为 39.90%、24.61%和 15.99%，排名前十的国家合计占比为 98.78%。可见，中国是乌干达主要畜禽养殖机械产品的主要进口来源国。

表 10-14   2020 年乌干达主要畜禽养殖机械产品主要进口来源国（地区）
分布和进口占比情况

动物饲料配制机	占比	家禽饲养机械	占比
中国	83.88%	中国	39.90%
美国	10.73%	意大利	24.61%

（续）

动物饲料配制机	占比	家禽饲养机械	占比
印度	4.58%	德国	15.99%
丹麦	0.36%	马来西亚	4.36%
中国香港	0.27%	肯尼亚	4.33%
德国	0.17%	印度	3.47%
		中国香港	2.94%
		土耳其	1.39%
		南非	0.97%
		西班牙	0.82%

数据来源：根据 UNcomtrade 数据整理得到。

小 结

（1）乌干达是世界上最不发达国家之一，主要以种植大蕉、木薯、玉米、甘蔗和甘薯，以及养牛和羊为主；农业生产发展较快，人均耕地面积持续下降。

乌干达是世界上最不发达国家之一。大蕉、木薯、玉米、甘蔗和甘薯是乌干达主要种植的农作物。收获面积方面，2020 年大蕉位居世界第一，木薯和甘薯均位居世界第四，咖啡豆位居世界第八。作物产量方面，大蕉位居世界第一，甘薯、咖啡豆和干豆分别位居世界第八、第九和第十。牛和羊为乌干达主要养殖的畜禽种类。乌干达农业生产发展较快，近年来农业增加值波动上升，占非洲农业增加值的比例波动不大，占全国 GDP 比例波动下降到 2020 年的 24% 左右。人均耕地面积持续下降，农户数量呈增长趋势。

（2）乌干达农业机械化发展水平不高，第一产业从业人数占全社会从业人数比例变化不大。

乌干达农业机械化发展水平不高，主要粮经作物耕、种、收基本以全人工为主。目前种植业生产机械化率约为 32.6%，畜牧业生产机械化率约为 0.23%，渔业生产机械化率约为 0.17%。第一产业从业人数占全社会从业人数的比例变化不大，2019 年为 72.10%。

（3）乌干达主要农机产品以进口为主，进口集中度较高。

乌干达主要农机产品整体上处于明显的贸易逆差状态，主要进口农机产品为拖拉机、植保机械和畜禽养殖机械。细分产品方面，以 37 至 75 千瓦轮式拖拉机、75 至 130 千瓦轮式拖拉机、其他植保机械、动物饲料配制机、家禽饲养机械等为主；进口集中度较高，部分产品进口来源国比较分散，印度和中国是较为重要的进口来源国。

高再，2020. 尼日利亚推行农机化计划［J］. 农机市场（7）：63.

韩振国，2017. 中国农业企业走向非洲的适应策略与实践研究——以坦桑尼亚两个中
国农业项目为例［D］. 北京：中国农业大学.

郝风，康月琼，彭文学，等，2011. 援助坦桑尼亚农业机械化项目的可行性研究［J］.
农机化研究（6）：236-239.

何娣佳，2014. 中国和坦桑尼亚农业合作前景展望［J］. 农业展望（3）：67-70.

何蕾，辛岭，胡志全，2018. 减贫：南非农业的使命——来自中国的经验借鉴［J］. 世
界农业（4）：62-70，135.

何蔚，2014. 对尼日尔农业援非工作的思考［J］. 新疆农业科技（6）：69-70.

黄峰华，李晓晨，张研，2021. 中国——乌干达农业国际合作探讨［J］. 对外经贸
（12）：6-11.

黄昱，2018. 刚果（金）粮食安全成因分析［J］. 信阳农林学院学报（4）：103-106.

姜晔，刘爱民，陈瑞剑，2015. 坦桑尼亚农业发展现状与中坦农业合作前景分析［J］.
世界农业（11）：72-77.

焦高俊，2009. 扫描南非农业和农机市场［J］. 农机市场（8）：33-34.

李峥，2014. 埃塞俄比亚农技推广信息化现状分析及解决方案设计［D］. 北京：中国
农业科学院.

农业部赴刚果（金）调研组，刘玉满，祝自冬，2009. 刚果（金）的农业、农民及农业
开发［J］. 中国农村经济（3）：91-96.

彭炎森，祝自冬，王先忠，等，2016. 埃塞俄比亚农业技术援助需求探讨——中国援
埃塞俄比亚农业专家的视角［J］. 世界农业（12）：195-200，260.

齐剑，赵福成，卓焕标，等，2019."一带一路"倡议下中国—苏丹农业投资合作的思
考与对策［J］. 世界农业（1）：27-32，123.

舒子成，2020. 四川农机企业开拓乌干达市场的实践与思考——以中国乌干达南南合作项目为平台 [J]. 四川农业与农机（4）：5-6，9.

王春雷，吴晨漪，2020. 尼日利亚农业信贷担保计划的经验与启示 [J]. 经济论坛（4）：124-129.

王莉莉，2020. 尼日利亚科技、农业等领域成为投资热点 [J]. 中国对外贸易（4）：44-46.

王文锋，2014. 南非农业科技研发及推广体系分析 [J]. 世界农业（5）：154-156.

吴清分，2003. 尼日利亚拖拉机市场现状 [J]. 农机市场（6）：32-33.

徐国彬，王辉芳，李荣刚，2012. 中国与苏丹农业合作现状与对策探讨 [J]. 世界农业（1）：83-85.

徐勇飞，2021. "一带一路"视野下常州农机装备开拓坦桑尼亚市场的策略分析 [J]. 中小企业管理与科技（上旬刊）(11)：173-175.

张蕾，王诗含，韩林杏，等，2018. "一带一路"背景下埃塞俄比亚农业投资环境分析 [J]. 天津农业科学（9）：27-30.

张帅，2020. 中国与苏丹农业合作的现状与前景 [J]. 阿拉伯世界研究（1）：19-37，157-158.

张子军，2012. 摩洛哥水稻生产全程机械化探讨 [J]. 现代农业装备（5）：49-51.

中国农机工业协会拖拉机分会，2003. 部分国家拖拉机市场简介 [J]. 农业机械（3）：28-29.

Abdelkaderallolo Mohamed，2019. 农产品进出口对尼日尔经济增长的影响 [D]. 武汉：华中师范大学.

Adamou Hafissou，2016. 中国尼日尔主要农业政策比较研究 [D]. 合肥：安徽农业大学.

Adediran Adeseye John，2019. 政策创新对尼日利亚农业推广计划的影响——三螺旋理论的启示 [D]. 合肥：中国科学技术大学.

FAO & AUC，2018. Sustainable Agricultural Mechanization：A Framework for Africa [M]. Addis Ababa.

GundulaFischer，Simon Wittich，Gabriel Malima，2018. Gender and mechanization：Exploring the sustainability of mechanized forage chopping in Tanzania [J]. Journal of Rural Studies，64：112-122.

Hiroyuki Takeshima，Patrick L，2020. Hatzenbuehler，Hyacinth O. Edeh. Effects of agricultural mechanization on economies of scope in crop production in Nigeria [J]. Agricultural Systems, 177: 1 - 12.

Hussein M, 2015. Sulieman. Grabbing of communal rangelands in Sudan: The case of large - scale mechanized rain - fed agriculture [J]. Land Use Policy, 47: 439 - 447.

Josef Kienzle, John E Ashburner, Brian G Sims, 2013. Mechanization for Rural Development: A review of patterns and progress from around the world [M]. Rome.

Thomas Daum, Patrice Ygué Adegbola, Carine Adegbola etc, 2020. Mechanization, digitalization, and rural youth - Stakeholder perceptions on three mega - topics for agricultural transformation in four African countries [J]. Global Food Security, 26: 1 - 10.

Thomas Daum, Regina Birner, 2020. Agricultural mechanization in Africa: Myths, realities and an emerging research agenda [J]. Global Food Security, 32: 1 - 10.

图书在版编目（CIP）数据

非洲主要国家农机化及农机市场发展形势研究 / 张
萌著 . —北京：中国农业出版社，2023.5
ISBN 978-7-109-30606-6

Ⅰ . ①非…　Ⅱ . ①张…　Ⅲ . ①农业机械化－研究－非
洲②农机市场－研究－非洲　Ⅳ . ①S23②F340.5

中国国家版本馆 CIP 数据核字（2023）第 063883 号

非洲主要国家农机化及农机市场发展形势研究
FEIZHOU ZHUYAO GUOJIA NONGJIHUA JI NONGJI SHICHANG FAZHAN XINGSHI YANJIU

中国农业出版社出版
地址：北京市朝阳区麦子店街 18 号楼
邮编：100125
责任编辑：王秀田　　文字编辑：张楚翘
版式设计：王　晨　　责任校对：张雯婷
印刷：北京中兴印刷有限公司
版次：2023 年 5 月第 1 版
印次：2023 年 5 月北京第 1 次印刷
发行：新华书店北京发行所
开本：700mm×1000mm　1/16
印张：9.75
字数：160 千字
定价：68.00 元